PERFECT GUIDE

IntelliJ IDEA
パーフェクトガイド

横田 一輝 [著]

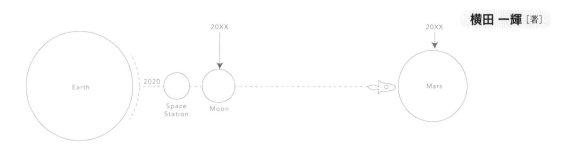

技術評論社

■ 本書をお読みになる前に

- 本書に記載された内容は、情報の提供のみを目的としています。したがって、本書を用いた運用は、必ずお客様自身の責任と判断によって行ってください。これらの情報の運用の結果について、技術評論社および著者はいかなる責任も負いません。

- 本書記載の情報は、2019年10月現在のものを記載していますので、ご利用時には、変更されている場合もあります。ソフトウェアに関する記述は、特に断りのないかぎり、2019年10月現在での最新バージョンをもとにしています。ソフトウェアはバージョンアップされる場合があり、本書での説明とは機能内容や画面図などが異なってしまうこともあり得ます。本書ご購入の前に、必ずバージョン番号をご確認ください。

- 本書の内容およびサンプルダウンロードに収録されている内容は、次の環境にて動作確認を行っています。

OS	Windows 10 (64bit)
IntelliJ IDEA	IntelliJ IDEA 2019.2
JDK (Java Development Kit)	JDK13 12 1.8.x

上記以外の環境をお使いの場合、操作方法、画面図、プログラムの動作等が本書内の表記と異なる場合があります。あらかじめご了承ください。
以上の注意事項をご承諾いただいた上で、本書をご利用ください。

- 本書のサポート情報は下記のサイトで公開しています。
https://gihyo.jp/book/2019/978-4-297-10895-3

※Microsoft、Windowsは、米国Microsoft Corporationの米国およびその他の国における商標または登録商標です。
※その他、本文中に記載されている製品の名称は、すべて関係各社の商標または登録商標です。

はじめに

　IntelliJ IDEAは、「ソフトウェアを作るためのソフトウェア」とも言える「IDE（統合開発環境）」の一つであり、主にJavaやScalaプログラムを用いたアプリケーションを作成するために利用されています。

　IDEの利用は、法人向けの業務システムの開発に限らず、一般消費者向けのアプリケーション開発をはじめ、実に様々なソフトウェア開発において、必要不可欠となっており、その中でもIntelliJ IDEAは、後発ながらも急速に利用が広まっているIDEと言えます。

　本書は、これからプログラム開発を始めてみようという個人の皆様はもちろんのこと、「IT業界に就職したけれども、実はこれから初めてIntelliJ IDEAを利用する」あるいは、「このプログラムをテストして」「アプリケーションをビルドして」と言われても、実は手順をきちんと把握していない、そもそもビルドの目的やテストの意味がよくわかっていない」となどといった新人エンジニアの皆様を対象としており、プログラミングを始める前に、IntelliJ IDEAでできることをさらっと知っておく書籍を目指しています。

●謝辞

　本書の出版にあたり、多大なご協力をいただきました、株式会社ジェイテック 代表取締役社長 中川優介氏、そして、執筆の機会をいただいた、第1編集部 原田崇靖氏に深く感謝いたします。

2019年10月末日　横田一輝

目次

第1章 IntelliJ IDEA の概要 ··· 13

1-1 IntelliJ IDEAとは ··· 14
IntelliJ IDEA は統合開発環境 ··· 14
統合開発環境（IDE）の歴史 ··· 15
IntelliJ IDEAとEclipse ··· 16
IntelliJ IDEAで利用できるプログラム言語 ··· 17
Scalaとは ··· 19

1-2 IntelliJ IDEA の特徴と主な機能 ··· 21
IntelliJ IDEA の特徴 ··· 21
IntelliJ IDEA が利用できるプラットフォーム ··· 22
IntelliJ IDEAには無償版と有償版がある ··· 22
COLUMN JetBrains 社のIDE ··· 24
IntelliJ IDEA の主な機能 ··· 25

1-3 システム開発とは ··· 26
プログラミングの流れ ··· 26
コンパイルとは ··· 28
COLUMN 構文エラーと論理エラー ··· 30
デバッグとは ··· 30
ビルドとは ··· 31
テスティングとは ··· 32
リファクタリングとは ··· 33

第2章 IntelliJ IDEA をはじめよう ··· 35

2-1 IntelliJ IDEA のインストール ··· 36
IntelliJ IDEA のインストール前に知っておくこと ··· 36

IntelliJ IDEA の入手先	38
IntelliJ IDEA の旧バージョンを利用したい場合	39
IntelliJ IDEA のインストール	40
IntelliJ IDEA の初期設定	46
IntelliJ IDEA の初期画面	49
COLUMN IntelliJ IDEA 以外の IDE	52

2-2 IntelliJ IDEA の日本語化 — 54

Pleiades 日本語化プラグインとは	54
Pleiades 日本語化プラグインの導入	55

2-3 IntelliJ IDEA の起動と終了 — 58

IntelliJ IDEA の起動	58
COLUMN 今日のヒント	59
IntelliJ IDEA の終了	60

2-4 IntelliJ IDEA の画面構成 — 62

IntelliJ IDEA の開発ワークフロー	62
IntelliJ IDEA の基本構成	62
IntelliJ IDEA の画像構成	64
COLUMN Eclipse の構成との比較	66
ツール ウィンドウの切り替え操作	67
COLUMN Eclipse のショートカットキーとの比較	70

第3章 IntelliJ IDEA の基本機能を理解する 71

3-1 IntelliJ IDEA の初期設定 — 72

起動後の画面設定	72
プロジェクトを開く場合の動作設定	74
エディター画面での設定	75

目次

| COLUMN | コード補完中の文字の大文字と小文字の自動変換を無効にするについて | 79 |
| COLUMN | UTF-8とは | 81 |

プラグインのインストール 82
設定のインポートとエクスポート 83
JDK（Java SE Development Kit）をインストールする 86

3-2 IntelliJ IDEAをカスタマイズする 93

プラグインの設定画面を開く 93

| COLUMN | アップデートの通知について | 95 |

プラグインをインストールする 95

| COLUMN | 「Scala」プラグインのインストール前と後について＞ | 98 |

プラグインの有効／無効化 99
「マーケットプレース」を経由せずにプラグインを入手する 100
JetBrains 公式サイトからプラグインをダウンロードする 103

| COLUMN | 「Version History」の「Compatibility with」項目について | 106 |

USBメモリなどから「プラグイン・ファイル」をインストールする 106

3-3 プロジェクトを作成する 109

プロジェクトの作成 109
Javaクラスを作成する 112

| COLUMN | パッケージとドメイン | 115 |

プロジェクトを閉じる 116
プロジェクトを開く 117
複数のプロジェクトを開く 119
プロジェクトを移行する（エクスポート） 120
プロジェクトのインポート 122

| COLUMN | プロジェクトの種類について | 128 |

既存のプロジェクトをテンプレートとして利用する 129
Scalaプロジェクトを作成する 134
Scalaのプログラムを作成して実行するまでの手順 139

目次

第4章 コーディング機能　143

4-1 コード補完機能を使いこなす　144

コード補完機能の使い方　144
スマート補完　146
ステートメント補完　148
メインメソッドの自動定義　151
Javaクラスの自動インポート　152
ファイル内のJavaクラスをすべて自動インポートする　154

4-2 エディターでマクロを使用する　155

マクロを記録する　155
COLUMN　マクロの記録は慎重に　158
マクロを再生する　158
マクロを編集する　160
マクロのアクションについて　162
COLUMN　マクロが保存されているファイルの場所　164
マクロをショートカットキーに割り当てる　165
COLUMN　マクロに割り当てたショートカットキーを解除する場合　168

4-3 スクラッチファイルを作成する　168

スクラッチファイルとは　168
Java用のスクラッチファイルを作成／実行する　169
Scala用のスクラッチファイルを作成する　177

4-4 エディターのカスタマイズ　182

エディターの表示設定　182
コードを折りたたむ　184
画面の切り替えと分割　184
ソースファイルを別のウィンドウで表示する　187
コードの比較　188

7

目次

クラスやメソッドの構造を確認する ······················· 190
クラスやメソッドの階層や呼び出し関係を確認する ··········· 193
ナビゲートで目的のクラスやメソッドに移動する ············· 194

第5章 デバッグ機能 197

5-1 ブレークポイントを設定する 198

ブレークポイントを使わないデバッグ ····················· 198
COLUMN 電球マークの修正案はあくまでエラー解決の候補 200
論理エラーを解消する ································· 200
ブレークポイントを設定する ··························· 201
ブレークポイントを解除する ··························· 202

5-2 デバッグ作業でブレークポイントを使用する 202

ブレークポイントを使用したデバッグの手順 ··············· 202
デバッグを停止する ································· 205
デバッグ中に操作する ······························· 206
COLUMN デバッグとテスト 208

5-3 デバッグ操作の具体例 209

ブレークポイントを使ったデバッグ操作の具体例 ··········· 209
COLUMN すべてのブレークポイントを除去する 212
ステップ・インを使ったデバッグ ······················· 212
ステップ・オーバーとステップ・アウト ··················· 214
強制的にステップ・インする ··························· 214
COLUMN ブレークポイントのマークの種類 216

5-4 高度なデバッグ操作 216

ブレークポイントの設定をカスタマイズする ··············· 216
変数の値を追跡する ································· 219

目次

「変数」ペインから変数の値を変更する 221
「監視式」ペインを活用する 221
COLUMN 変数の監視はスコープでのみ有効 224

第6章 リファクタリング 225

6-1 リファクタリングの目的 226
なぜリファクタリングが必要なのか 226
リファクタリングの目的 227
リファクタリングを実施すべきタイミング 228
COLUMN リファクタリング作業の注意点 230

6-2 サポートしているリファクタリング機能 230
リファクタリング機能がないと 230
IntelliJ IDEA がサポートしているリファクタリング機能 232
COLUMN 文字列の下に緑の波線 232
COLUMN Java と Scala のリファクタリングメニューについて 245

6-3 リファクタリングを体験する 246
実践的なリファクタリングを行う 246
メソッドを外部クラスへ移動する 260
リファクタリングによるクラスの継承 261

第7章 IntelliJ IDEA のテスト手法 265

7-1 テスティングの目的 266
ソフトウェア開発におけるテスト 266
JUnit によるテストのメリット 267

目次

JUnit の観点はホワイトボックステスト 267
ホワイトボックステストと網羅条件 268

7-2 JUnit による基本テスト 270

元のソースプログラム 270
COLUMN　Scala プログラミングでのテスト 271
テストケースを作成する 272
assertEqual メソッドを使う 275
assertSame ／ assertNotSame メソッド 281
assertEquals ／ assertSame メソッドの違い 283
assertArrayEquals メソッド 286
assertNull ／ assertNotNull メソッド 287
assertTrue ／ assertFalse メソッド 287

7-3 JUnit によるテスティングを体験する 289

JUnit とアノテーション 289
JUnit5 のアノテーションを検証する 290
アノテーションを追加する 293
条件分岐の JUnit テスト 296
複数の分岐条件を網羅する 298
COLUMN　@Disabled でテストを無効にする 301

7-4 Specs2 と ScalaTest の基本 301

Scala のテストでは SBT を利用する 302
SBT プロジェクトを作成する 303
Specs2 とは 305
Specs2 を利用する 306
Specs2 による基本的なテスティング 309
ScalaTest とは 311
ScalaTest による基本的なテスティング 312

第8章 IntelliJ IDEA のビルドツール　317

8-1　ビルドとビルドツール　318

ビルドとは　318
Mavenとは　319
COLUMN　Scala のビルドツール　320
Mavenを利用する　321
COLUMN　Maven プロジェクトについて（補足）　326
ビルドファイルを編集する　327

8-2　Gradleの基本操作　330

Gradleの特徴　330
Gradleプロジェクトを作成する　331
Gradleの基本操作　334
Gradleのビルドファイルを編集してJARファイルを実行する　336

8-3　Gradleによるビルド体験　338

Gradleからプログラムをテストする　338
GradleでJavadocを作成する　341
Groovyでビルド処理を記述する　343
Groovyでその他のタスクを実行する　345
アクションリストを使う　346

8-4　ScalaのSBTによるビルド体験　348

SBTプロジェクトでビルド時の設定を行う　348
COLUMN　Scala のチュートリアル　352

目次

第9章 チーム開発　353

9-1 チーム開発に必要な前提知識　354

グループとチームの違い　354
チーム開発とチームワーク　354
チーム開発で重要なバージョン管理　356
COLUMN　チケット管理とは　356
バージョン管理システム　357
COLUMN　バージョン管理システムのブランチ機能　358

9-2 Gitによるチーム開発　359

Gitとは　359
GitHubとは　359
GitHubを利用してみる　360
リポジトリーを作成する　364
プロジェクトをコミットする　365
コミットしたプロジェクトをGitHubへアップロードする　367
COLUMN　イベントログでエラーがでたとき　369
COLUMN　リポジトリーを任意のディレクトリーに作成する　371
GitHubのプロジェクトを共有する（プロジェクトのチェックアウト）　371

9-3 Gitの実践　377

GitHubのプロジェクトを共有する（バージョン管理）　377
COLUMN　コミット時に警告が表示された　384
GitHubのプロジェクトを共有する（ブランチによるバージョン管理）　387
付録　macOSでIntelliJ IDEAを使う　389
索引　396

第 1 章

IntelliJ IDEA の概要

まずは IntelliJ IDEA の概要についてみていきましょう。IntelliJ IDEA が、いつごろ、どのようなニーズで生まれ、現在に至るのかなどについて知ることで、改めて、近年注目をあびている開発環境であることが理解できると思います。また、後半では、IntelliJ IDEA の優れている部分など、IntelliJ IDEA の特徴についても取り上げていきます。

本章の内容

- 1-1　IntelliJ IDEA とは
- 1-2　IntelliJ IDEA の特徴と主な機能
- 1-3　システム開発とは

1-1 IntelliJ IDEAとは

IntelliJ IDEAはどのようなアプリケーションで、どのような歴史を持ち現在に至るのかなど、IntelliJ IDEAの概要について紹介していきましょう。

IntelliJ IDEAは統合開発環境

IntelliJ IDEAの開発元であるJetBrains社の公式サイト[注1]には、

IntelliJ IDEA is an IDE for Java （IntelliJ IDEAはJavaのIDEです）

とあります。さらに、原文を直訳すると、

IntelliJ IDEAはJavaのIDEですが、Groovy、Kotlin、Scala、JavaScript、TypeScript、SQLなど、他の多くの言語も理解できます。

と記してあります。

　IDEとは「Integrated Development Environment」の略で、日本語では「統合開発環境」と呼ばれます。

　IDE（統合開発環境）は、ソフトウェア開発に必要なツールが統合されたもので、IntelliJ IDEAもIDEの一つであり、Javaを主に、多くのプログラミング言語に対応しているのです。

　ところで、ソフトウェア開発には、「エディター」「コンパイラー」「デバッガー」と呼ばれる様々なツールが必要となります。

> **ONEPOINT**
> AndroidスマートフォンのIDEである「Android Studio」は、IntelliJ IDEAをベースにしています。

▼表1.1 主としてソフトウェアの開発に必要なツール

エディター	プログラム言語は、あらかじめ決められた文法に則って、ソースコードなどと呼ばれる文書を記述する必要があり、それらソースコードを記述するためのプログラムやソフトウェアを指す
コンパイラー	エディターで作成したソースコードを、コンピュータが理解できる形式に変換するプログラム
デバッガー	コンパイラーなどでエラーとなったプログラムの原因を究明するために利用される

注1　JetBrains社の公式サイト　https://www.jetbrains.com/idea/features/

これら開発環境で用いられるツールは、それぞれを利用するための設定やコマンド（命令）が必要となります。そして、操作のほとんどはCUIであるため、作業効率が高くはありません。しかし、IntelliJ IDEAのような「統合開発環境」では、これらの開発に必要なツールをひとつのアプリケーションとして統合しているため、導入も容易で、操作もGUIであるため、作業効率が高くなります（図1.1）。

▼ 図1.1　これまでの開発環境と統合開発環境の違い

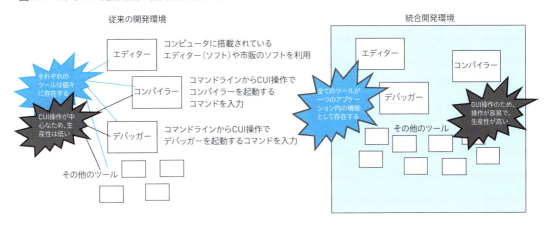

ひとまず、IntelliJ IDEAは、ソフトウェア開発の生産性を高めるための、IDE（統合開発環境）の一つであるということを知っておきましょう。

> **ONEPOINT**
> 　CUI（Character User Interface）とは、キーボードでコマンドなどの文字を入力し、コンピュータを操作すること。
> 　GUI（Graphical User Interface）とは、マウスなどで、コンピュータの画面に表示されているアイコンやボタンを操作すること。操作が直観的に理解できる点が特徴。

統合開発環境（IDE）の歴史

　統合開発環境（以降IDE）は、CUIによるプログラミング時代から存在しましたが、そもそもCUI自体が生産性の高い環境とは言い難いため、本格的なIDEの登場は、コンピュータのGUI操作が主流となった1990年以降と言えます。

　1990年代、Windows上では、マイクロソフト社の「Visual Basic」や「Visual C++」、ボーランド社の「Delphi」といったIDEが登場しました。ここでは、2019年8月現在でWindows以外の

プラットフォーム用も含めた主なIDEを紹介しておきましょう（**表1.2**）。

▼ 表1.2　現在主流のIDE

IDEの名称	プラットフォーム	提供元
Eclipse	Windows,Linux,MacOS X	Eclipse Foundation
Visual Studio	Windows	Microsoft
Xcode	MacOS X	Apple
IntelliJ IDEA	Windows,Linux,MacOS X	JetBrains
Android Studio	Windows,Linux,MacOS X	Google

　表にあるIDEは、プラットフォームの相違だけではなく、利用できるプログラム言語や開発できるアプリケーションにも共通点や相違点があります。

> **ONEPOINT**
> プログラム言語「BASIC」の元祖として、1960年代に登場したCUI環境の「Dartmouth BASIC」は、世界初のIDEとも言われています。

IntelliJ IDEAとEclipse

　JavaのIDEとしては、Eclipseがあまりにも有名です。Eclipseは、2001年にバージョン1.0がリリースされ、その後もほぼ毎年新バージョンが登場している歴史のあるIDEでもあります。一方のIntelliJ IDEAも、実はEclipseと同じ2001年に最初のバージョンがリリースされ、現在も新しいバージョンが登場しています。

　日本国内では、近年ようやくIntelliJ IDEAが知られてきましたが、海外では数年前から人気のIDEとなっています。ソフトウェア会社「ZeroTurnaround」による調査では、2016年にJavaのIDEとしてのIntelliJ IDEAの使用率が、Eclipseを超えていることがわかります（**図1.2**）。

▼ 図1.2　海外ではIntelliJ IDEAがJavaのIDEとして人気

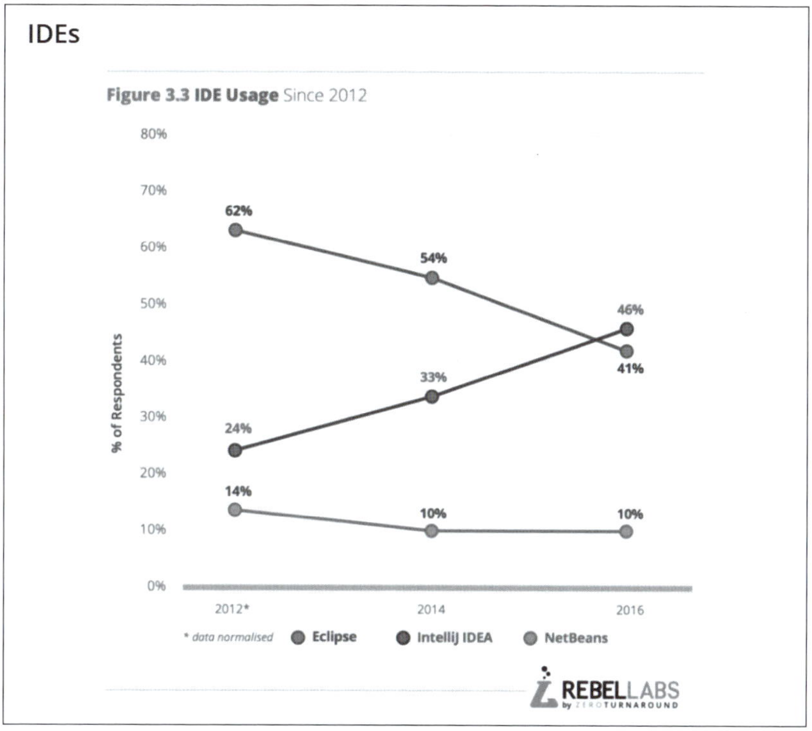

IntelliJ IDEAで利用できるプログラム言語

　現在主流となっている多くのIDEは、様々なプログラム言語に対応したものがほとんどですが、IntelliJ IDEAも、Javaだけでなく様々なプログラム言語に対応しています。IntelliJ IDEAの公式ページには、Java以外の、KotlinやScala、Python、JavaScriptなどがサポートされる言語として紹介されています（図1.3、表1.3）。

- IntelliJ IDEAがサポートするプログラム言語についてのサイト
  https://www.jetbrains.com/help/idea/supported-languages.html

第1章　IntelliJ IDEAの概要

▼ 図1.3　IntelliJ IDEAが対応しているプログラム言語の一部（日本語訳版）

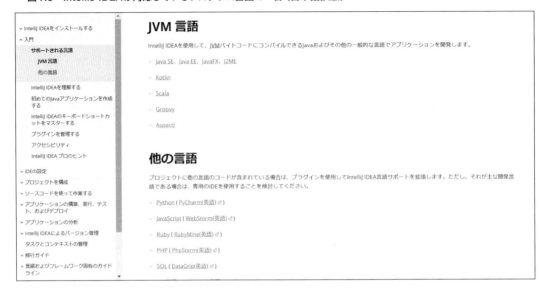

▼ 表1.3　IntelliJ IDEAがサポートしている主なプログラム言語の特徴

言語	特徴
Kotlin	IntelliJ IDEAの開発元であるJetBrains社のプログラム言語
Scala	オブジェクト指向と、関数型プログラミングの両方を兼ね備えている
Groovy	Javaの構文に準拠したオープンソースのオブジェクト指向型言語
Python	人工知能（AI）の分野で広く利用され、注目されているプログラム言語
JavaScript	動的なWebページが構築できるオブジェクト指向型言語
Ruby	記述量が少なくて済むなどの特徴を持つ国産のオブジェクト指向型言語
PHP	Web開発に特化した言語で、サーバ側（サーバサイド）のプログラミングに適している
Go	Google社が開発したプログラミング言語

> **ONEPOINT**
> IntelliJ IDEAの無償版では、図1.3のうち、サポートされないプログラム言語があります。

　図1.3で示したように、サポートされているプログラム言語は、「JVM言語」と「他の言語」に分類されていますが、JVMとは、「Java Virtual Machine（Java仮想マシン）」の略で、基本的にはJavaプログラムを実行するためのソフトウェアを意味します。

　JavaScript、Ruby、PHPは「スクリプト言語」に属します。一般的なプログラム言語のソース

コードは、コンパイルという処理過程を経て、コンピュータで実行できる形式に置き換わりますが、スクリプト言語はコンパイルという手順を踏まずに、コンピュータで実行させることが可能です。

Scalaとは

　IntelliJ IDEAがサポートしているプログラム言語の中にScalaがあります。Scalaは、スイス連邦工科大学（EPFL）の教授、Martin Odersky（マーティン・オーダスキー）氏によって2004年にリリースされた比較的新しいプログラム言語です。図1.3で示したように、ScalaはJVM言語に分類され、Javaに代表されるオブジェクト指向言語と、関数型プログラミングと呼ばれるプログラム言語の両方の特徴を持っています（図1.4）。

> ▌ONEPOINT
> 　関数型プログラミングでは、関数を組み合わせによってプログラムを構成します。代表的な言語に「Lisp」があります。

　SNS（ソーシャルネットワークサービス）として有名なTwitterの一部でScalaが使用されているものの、国内ではまだ広く知られていません（2019年10月時点）。しかし、米国ではScalaを導入するIT企業が増加しており、日本でも著名なIT企業が導入を開始しているため、今後大いに注目されるプログラム言語の一つと言えます。
　以下に、Scalaの主な特徴をあげておきます。

- JVMで動作する
- Javaのクラスが流用できる
- 型推論をサポートしている
- 関数型プログラミング言語である
- REPL(Read-Eval-Print-Loop)と呼ばれる対話型実行環境がある

▼ 図1.4　Scalaの公式サイト（https://www.scala-lang.org/）

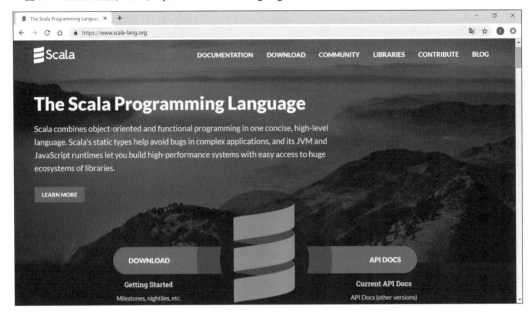

公式ページからもジャンプできる以下のチュートリアルサイトでは、Scalaの文法などを学ぶことができます。

- Scalaのチュートリアルサイト
  https://www.scala-exercises.org/scala_tutorial/terms_and_types

> **ONEPOINT**
> 公式ページの下記ページにあるリンクからチュートリアルサイトにジャンプできます。
> https://docs.scala-lang.org/getting-started.html

また、下記ページにある「Try Scala In Your Browser!」のリンクからは、Webページ上でScalaのプログラミングを行うことができます。

- 「Try Scala In Your Browser!」のメニューがあるページ
  https://docs.scala-lang.org/learn.html

- Scalaのプログラミングが体験できるサイト
  https://scalafiddle.io/

1-2 IntelliJ IDEAの特徴と主な機能

次は、IntelliJ IDEAがどのようなプラットフォーム（PCのOSなど）に対応しているのか、どのような特徴を備えているのかなどについて見ていきましょう。

 ### IntelliJ IDEAの特徴

まずは、IntelliJ IDEAについてこれまでとりあげてきた特徴をあげてみましょう。

- IDE（統合開発環境）である
- 開発元はJetBrains社である
- JavaのIDEとして有名なEclipseと人気を二分する
- Java以外の様々なプログラム言語に対応している

上記に加え、IntelliJ IDEAは、次のような特徴も持っています。

- マルチプラットフォームである
- 無償版と有償版がある

マルチプラットフォームとは、IntelliJ IDEAが、Windows、Linux、MacOS、といった異なるOSそれぞれに対応していることを指します。

また、Eclipseをはじめとする他の多くのIDEがオープンソースであり、無償利用できるのに対し、IntelliJ IDEAは、Eclipseと同様のオープンソースで無償のものと、有償のものがあります。

> **ONEPOINT**
> オープンソースとは、ソフトウェアの著作権を保持したまま、ソースコードを無償で公開し、ライセンスに基づいて再配布や改変を認めたものです。

IntelliJ IDEAが利用できるプラットフォーム

　IntelliJ IDEAは、著名なPCで利用できます。WindowsやLinuxをOSとするPCはもちろんのこと、Apple社のPC「Mac」(OSはmacOS)でも利用することが可能です（図1.5）。

- IntelliJ IDEAのダウンロードサイト
  https://www.jetbrains.com/idea/download/

▼図1.5　IntelliJ IDEAは著名なOSで利用可能

　Windows以外のOSでIntelliJ IDEAを利用する場合は、図1.5で示したそれぞれのOSのリンクをクリックして、該当するものを入手してください。

> **ONEPOINT**
> IntelliJ IDEAの入手方法については、2章で紹介しています。

IntelliJ IDEAには無償版と有償版がある

　IntelliJには、有償の「Ultimate Edition」と、無償でオープンソースの「Community Edition」があります。2つの違いは、サポートしているプログラム言語の数やWebアプリの開発、フレームワークの利用ができるか否かです。

- IntelliJ IDEAのエディションを紹介しているサイト

https://www.jetbrains.com/idea/features/editions_comparison_matrix.html

　「Community Edition」の説明には、「For JVM and Android Development」とあるように、「Community Edition」は、P.18で紹介したJava、Kotlin、Scala、PythonなどのJVM言語のみが利用でき、かつAndroid開発にも対応しています。

1-2 IntelliJ IDEAの特徴と主な機能

> **ONEPOINT**
> 本書は、Community Editionの利用を前提にしています。

　有償の「Ultimate Edition」は、30日の使用期間があります。料金は2019年10月現在、月額、1年、2年、3年の4種類があり、長期で使うほどお得な価格設定になっています（図1.6）。

- Ultimate Editionの価格がわかるサイト

　https://www.jetbrains.com/store/#edition=commercial

▼ 図1.6　Ultimate Editionの価格（2019年10月現在）

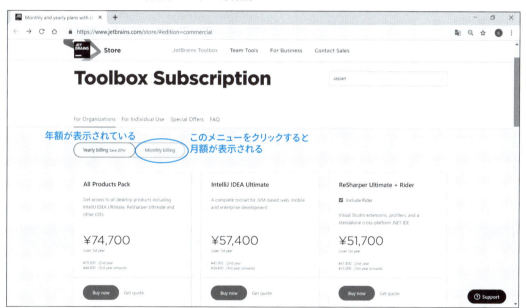

> **ONEPOINT**
> MicrosoftのIDE「Visual Studio」も無償版と有償版があります。

23

COLUMN　JetBrains社のIDE

JetBrainsが開発するIDEにはIntelliJ IDEA以外にもたくさんの製品があります。以下は、公式ページのトップにある「Tools」メニューをクリックして、製品紹介ページで、IDE製品の一部を表示した例です（**図1.A**）。

- JetBrains社の製品紹介ページ
  https://www.jetbrains.com/products.html

▼ 図1.A　JetBrains社のIDE製品（一部）

表1.AにIntelliJ IDEA以外の主な製品をあげておきましょう。

▼ 表1.A　IntelliJ IDEA以外の主な製品

IDE	特徴
PyCharm	Python用のIDE
WebStorm	JavaScript、HTML、CSSなどが利用できるWeb開発用IDE
PhpStorm	PHP用のIDE
Rider	MicroSoft社の.NETに対応したクロスプラットフォームIDE
RubyMine	Ruby用のIDE
GoLand	Go用のIDE

ちなみに、このサイトにある「ReSharper」は、Microsoft社のIDE「Visual Studio」に組み込んで利用できる製品です。

IntelliJ IDEAの主な機能

IntelliJ IDEAは、人間工学を念頭に置いて設計されているそうです。人間工学とは、

「人の動作や特性を研究して、人の使い勝手がよいように、機械や装置を設計、調整する学問」

であり、IntelliJ IDEAの公式ページ[注2]には、IntelliJ IDEAならではの機能や人間工学に基づいた特徴が紹介されています。

表1.4、1.5に、その一部をあげておきましょう（タイトルは、公式ページの英文のまま表記しています）。

▼ 表1.4　IntelliJ IDEAの主な機能

機能	説明
Smart completion	ソースコードの入力途中で、適用可能な最も関連性の高い候補を提供する。コード補完機能
Chain completion	コード補完機能をさらに掘り下げて、適用可能なモジュールの候補などを提供する
Language injection	特定の言語のコード上にSQLやJavaScriptなどの別の言語のコードを挿入できる機能
Cross-language refactorings	特定の言語の範囲にとらわれないリファクタリング※が行える
Detecting duplicates	コーディング中に重複するコードを検出して知らせてくれる
Inspections and quick-fixes	コーディングミスを招きそうな場面になると、ポップアップでガイドメッセージが表示される

※　リファクタリングについては、**6章**を参照

▼ 表1.5　IntelliJ IDEAの人間工学に基づいた主な特徴

特徴	説明
Editor-centric environment	開発者がコーディング作業に集中できるように、エディター画面から離れずに、コーディングに役立つツールが利用できるといったエディター中心の環境を提供している
Shortcuts for everything	メニュー項目の選択やツールウィンドウとエディターの切り替えなど、ほぼすべての操作に対するショートカットキーが用意されている
Ergonomic user interface	リストやツリー表示、ポップアップ表示などが使いやすいように、人間工学に基づいたユーザインターフェースを提供している
Inline debugger	デバッグ※時には、使用されている変数の値をソースコード中の該当変数の個所へ表示させることができる

※　デバッグについては、**5章**を参照

注2　https://www.jetbrains.com/idea/features/

第1章 IntelliJ IDEA の概要

1-3 システム開発とは

開発とは、一般的に「システム開発」を意味します。ここでは、システム開発の工程のうち、IntelliJ IDEA に関するメジャーな用語を紹介していきます。

プログラミングの流れ

IT業界で「開発」というと、「システム開発」を意味することが多く、図1.7のような作業工程を踏むことが一般的です。

▼ 図1.7 システム開発の作業工程

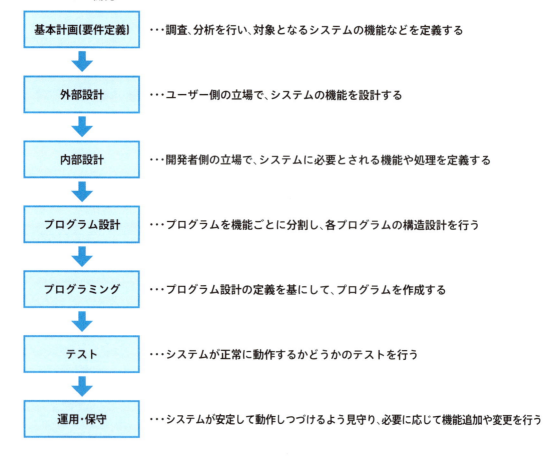

- 基本計画(要件定義) ・・・調査、分析を行い、対象となるシステムの機能などを定義する
- 外部設計 ・・・ユーザー側の立場で、システムの機能を設計する
- 内部設計 ・・・開発者側の立場で、システムに必要とされる機能や処理を定義する
- プログラム設計 ・・・プログラムを機能ごとに分割し、各プログラムの構造設計を行う
- プログラミング ・・・プログラム設計の定義を基にして、プログラムを作成する
- テスト ・・・システムが正常に動作するかどうかのテストを行う
- 運用・保守 ・・・システムが安定して動作しつづけるよう見守り、必要に応じて機能追加や変更を行う

図1.7のうち、主にプログラミングやテストの作業工程でIntelliJ IDEAを活用します。また、プログラミングは一般的に以下の作業で構成されています。

- 作業①
  エディターを使って、プログラム言語の文法に基づいたソースプログラムを作成（コーディング作業）

- 作業②
  ソースプログラムをコンパイル（コンピュータが実行可能な機械語に翻訳する）

- 作業③
  コンパイルエラーがあればデバッグ（プログラムのミスや欠陥をチェックして、修正する）

- 作業④
  実行して、仕様通りの結果が出れば作業完了

　この作業をIntelliJ IDEAのメニューや機能で表現すると、以下のようになります。

- 作業①
  エディターでプログラミング（コーディング作業）

- 作業②④
  IntelliJ IDEAのメニューから「実行」→「実行」を選択するか、▶ アイコンでコンパイル、ビルド、実行

- 作業③
  🐞 アイコンからデバッグ

　作業①のエディターやコーディングについては、**4章**で取り上げているので、ここでは作業②のコンパイルについて触れておきましょう。

▎ONEPOINT

　本節での説明では、IntelliJ IDEAのメニューなどを日本語表記で紹介していますが、IntelliJ IDEAのインストール直後のメニューは英語表記になっています。日本語化については、P.54を参照してください。

コンパイルとは

　前述のように、コンパイルとは、コーディングしたソースプログラムを、コンピュータが実行可能な機械語に翻訳することを指します。

　ちなみに、コンパイル時のエラーの大半はタイプミスによる構文エラーです。**図1.8**に、Javaのソースプログラムを例にして、IntelliJ IDEAのエディターで、行の最後に「;（セミコロン）」を入力し忘れた例をあげておきます。

▼ 図1.8　「;（セミコロン）」を入力し忘れた場合のエラー

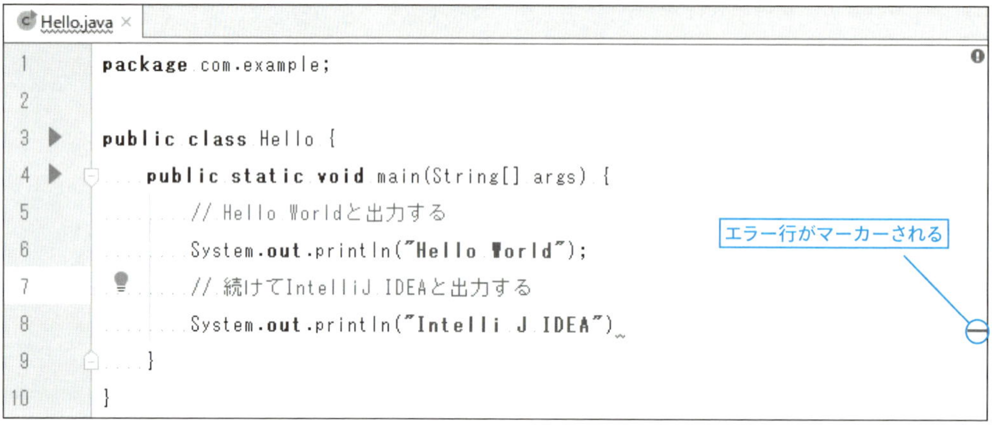

```
 Hello.java ×
 1    package com.example;
 2
 3 ▶  public class Hello {
 4 ▶      public static void main(String[] args) {
 5            // Hello Worldと出力する
 6            System.out.println("Hello World");
 7 💡         // 続けてIntelliJ IDEAと出力する
 8            System.out.println("IntelliJ IDEA")
 9        }
10    }
```

エラー行がマーカーされる

　IntelliJ IDEAでは、入力後に改行したり他の行へ移動するなどといったタイミングで、構文エラーを知らせてくれます。

　構文エラーの箇所にマウスカーソルを合わせることで、構文エラーの内容が表示されます（**図1.9**）。

▼ 図1.9 構文エラーの内容を表示

　図1.9で示したように、エラー箇所は、赤い文字や赤い波線などが表示されます。また、エラーの存在する行には、エディターの右側にマーカーが表示されます。これらのエラー表示に気づかずに、IntelliJ IDEAのメニューから「実行(U)」→「実行(U)」を選択または、実行アイコン ▶ をクリックすると、「メッセージ」ウィンドウに構文エラーの内容が表示されます（図1.10）。

▼ 図1.10 「メッセージ」ウィンドウにエラー内容が表示される

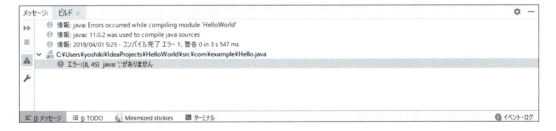

COLUMN 構文エラーと論理エラー

プログラミングで遭遇するエラーには、大きく分けて2種類あります。

●構文エラー

前述したように、「スペルミス」や行末の「;（セミコロン）」忘れ、全角スペースの入力などといったようなコーディングの際の記述ミスが原因で発生します。

●論理エラー

単純な例では、「+」と「−」の演算記号を間違えて、足し算の結果が必要な処理で、引き算の結果が出るなどといったようなエラーです。構文エラーにはならなくても、仕様通りの結果が出力されないエラーを指します。

 デバッグとは

作成したプログラムの入力誤りや不具合のことを「バグ（Bug）」と呼び、バグを除去する作業が「デバッグ（Debug）」です（図1.11）。IntelliJ IDEAのメニューにあるデバッグ用アイコン アイコンを見てもらうと虫のデザインになっています。

バグは英語で「小さな虫」を意味します。デバッグは「小さな虫（bug）=（煩わしいもの）」と取り除くの意である「De」を繋げた言葉です。文字通り「バグ（虫）」を除去し、プログラムを正常な（きれいな）状態にする作業のことです。

▼図1.11 デバッグ用のメニュー

IntelliJ IDEAには、デバッグに役立つ便利な機能が搭載されています。デバッグ作業の具体例は、**5章**で紹介します。

ビルドとは

　「ビルド（build）」は「建てる」や「築く」という意味であり、プログラムを築き上げる過程を指す言葉です。

　具体的には、前述したコンパイルに加え、プログラムで利用しているライブラリとリンクし、最終的な実行可能ファイルを作成する作業です（**図1.12**）。つまり、プログラムを完成させるための作業のことです。

　ちなみにライブラリとは、プログラムに必要とされる部品群であり、例えば、ビルド対象になっているプログラムに、キー入力が必要とされる記述があれば、キー入力に必要とされるライブラリがリンクされて、実行可能ファイルが作成されます。

▼ 図1.12　ビルド用のメニュー

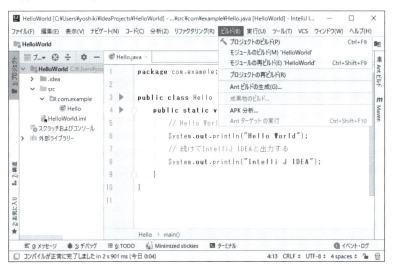

> **ONEPOINT**
> ビルドツールの詳細は**8章**で紹介しています。

テスティングとは

　テスティングとは、プログラムが正常に動作するか否かを検証することを意味します。作成したプログラムに不具合がないか、仕様通りにコーディングできているかなどを確認するための作業のことです。システム開発においては、表1.6に示すような工程のテストがあります。

▼ 表1.6　システム開発におけるテストの種類

テストの種類	説明
単体テスト	プログラムの機能ごとに実施するテスト※。Javaプログラミングでは、メソッド単位でのテストを実施します。クラスの内部構造によっては、クラス単位で実施する場合もある
結合テスト	単体テストが完了した複数のクラスやプログラムを、クラス間または機能間のインタフェースを中心に実施するテスト。他のプログラマの成果物も統合してテストを行う
システムテスト	本番環境を想定して行うテスト。主に開発したシステムが、仕様通りに動作するか否かを確認する

※　コーディング画面のソースコードのテストは、単体テストに相当します。

　テスティングの手法として「テストファースト」という考え方があります。テストファーストとは、プログラムを完成させる前にテスト項目をあらかじめ定義する手法であり、IntelliJ IDEAでは、テストファーストを効率的に実現できる「JUnit」と呼ばれるフレームワークを利用することができます。設計書を作成する段階で、クラスやメソッドなどの仕様をきちんと定義し、テストコードを作成可能な環境が整備されていれば、JUnitによりテストファーストが実現可能です。

> **ONEPOINT**
> 「JUnit」の具体的な使用例については、**7章**で紹介しています。

　一般的なプログラミングでは、作成したプログラムを後からテストします。しかし、テストファーストは、その名の通りテストから始めます（図1.13）。
　プログラムを作る前に、テスト項目のみを意識して、テストから着手することによって、仕様を明確にするという手法が、これまでの常識をくつがえすアイディアとして注目されているわけです。

▼ 図1.13　従来のテストとテストファースト

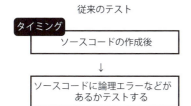

リファクタリングとは

　リファクタリング（refactoring）とは、現在動作しているプログラムの動作や機能、仕様を保ちつつ、内部構造を見直すことです。現在のソースプログラム内に書かれている変数やメソッドの名前を変更するといった例が、一番身近なリファクタリングの例でしょう。

　数百～数千行で構成されるソースプログラムなどでは、単に変数やメソッドの名前を変更すると言っても、該当箇所を手作業ですべて変更するのは至難の業であり、一つでも変更を忘れるとエラーになります。リファクタリングについては、**6章**で詳しく紹介しています。

　IntelliJ IDEAには、リファクタリングに関する機能が多く搭載されています（**図1.14**、**表1.7**）。

▼ 図1.14　リファクタリング用のメニュー

第1章　IntelliJ IDEAの概要

▼ 表1.7　主なリファクタリング機能

リファクタリング機能		説明
名前変更		プロジェクト名やパッケージ名、変数名やメソッド名などを変更する
ファイルの名前変更		ソースコード内の記述は変更せずにファイル名だけを変更する
シグネチャーの変更		メソッドの引数や戻り値、例外、アクセス修飾子などを変更する
型のマイグレーション		変数の型を変更する
静的に変換		インスタンスメソッドを静的なメソッドに変換する
インスタンス・メソッドに変換		静的なメソッドをインスタンスメソッドに変換する
移動		メソッドなどを他のクラスへ移動する
コピー		クラスの内部構造を残したまま（コピーし）、新規クラスを作成する
安全な削除		クラス、メソッド、変数などを削除し、それらを参照している箇所の記述を削除する
抽出	変数	数値や文字列などを抽出し、新たな変数として宣言および代入する
	定数の導入	数値や文字列定数を、静的なfinalフィールドに変換する
	フィールド	ローカル変数をクラスのprivateフィールドに変換する
	パラメーターの導入	変数または数値や文字列などを新たなメソッドの引数として変換する
	メソッド	一連の処理を新たなメソッドとして抽出、宣言する
	委譲	新規クラスに既存のメソッドを複製して作成する
	スーパークラスの抽出	現在のクラスのスーパークラス（親クラス）を作成する
インライン化		呼び出し元の外にあるメソッドを内部に展開する

　正常に動作しているプログラムを書き換えることに抵抗を感じる人もいるかもしれません。しかし、システム開発では、後の機能追加や変更依頼によってプログラムを改変することもあります。プログラムの内部構造がきちんと整備されていない場合、変更作業で無駄な時間を費やしてしまいます。したがって、後の機能追加や変更作業に備え、リファクタリングを行うことは重要といえます。

第 **2** 章

IntelliJ IDEA を
はじめよう

本章では、IntelliJ IDEA のインストールから起動までの手順と、日本語化
や基本的な画面構成について紹介します。また、IntelliJ IDEA で利用でき
るプログラム言語のうち、Scala の導入方法についても取り上げています。

本章の内容

2-1　IntelliJ IDEA のインストール

2-2　IntelliJ IDEA の日本語化

2-3　IntelliJ IDEA の起動と終了

2-4　IntelliJ IDEA の画面構成

第2章 IntelliJ IDEA をはじめよう

2-1　IntelliJ IDEA のインストール

まずは IntelliJ IDEA のインストール手順について見ていきましょう。ここでは、2019年10月時点の安定バージョンとなる「IntelliJ IDEA 2019.2」のインストールを紹介します。

 ### IntelliJ IDEA のインストール前に知っておくこと

IntelliJ IDEA の公式ページからは、IntelliJ IDEA の新機能を紹介するメニューや最新バージョンのダウンロードへのリンクがあります（図2.1）。

- IntelliJ IDEA の公式ページ
  https://www.jetbrains.com/idea/

▼ 図2.1　IntelliJ IDEA の公式ページにある新機能メニューとダウンロードボタン

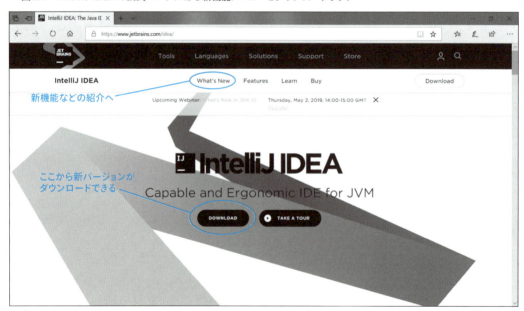

公式ページにある「What's New」メニューからは、新しくリリースされた IntelliJ IDEA の新機能や改善点が含まれています。表2.1 にその一例をあげておきましょう。

2-1 IntelliJ IDEAのインストール

▼ 表2.1　IntelliJ IDEA2019.Xの新機能と改善点の一部

機能	説明
UIテーマ	デフォルトのアイコンを変更したり、アプリにレイアウトするボタンやテキストボックスなどのUIコントロールの色などを変更して、開発者の好みの外観にできる
リファクタリング機能の改善	変数の抽出などのリファクタリングが大幅に改善され、精度が高くなった
数学演算分析の改善	乗算、剰余、ビット演算などの数学演算の分析が改善された。Gradleにビルドと実行を委任できる。プロジェクトごとにビルドと実行をGradleに任せることができるようになった
バージョン管理の機能追加	バージョン管理のログなどに新たな機能が追加された

> **ONEPOINT**
> Gradleは8章を、バージョン管理については、9章を参照願います。

　1章で触れているように、IntelliJ IDEAは、Windows、macOS、Linuxという3大OSで利用できます。公式ページにあるダウンロードボタンをクリックすると、図2.2で示したページが表示され、3大OSそれぞれのIntelliJ IDEAのダウンロードや最新バージョンの確認ができます。

▼ 図2.2　IntelliJ IDEAのダウンロードサイト

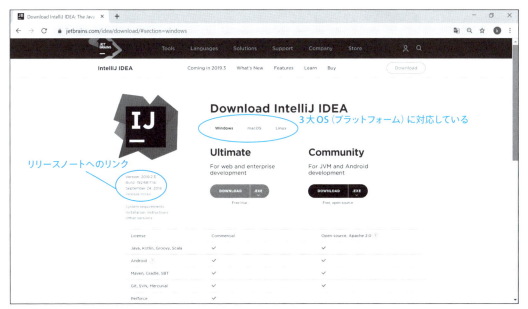

37

最新バージョンを表記している部分の下にある「Release notes」のリンクをクリックすると、機能追加やソフトウェアの不具合であるバグの修正内容などが記載された「リリースノート」が表示されます。

IntelliJ IDEAの入手先

IntelliJ IDEAは、P.22で紹介したダウンロードページから入手できます。ダウンロードページでは、P.37でも取り上げた「Ultimate」と「Community」が入手できます。本著では、無償でオープンソースの「Community」をダウンロードしますが、ダウンロードボタンの右側にある（デフォルトでは「.EXE」）ボタンをクリックすると図2.3で示したメニューが表示されます。

▼ 図2.3　IntelliJ IDEA Communityのダウンロードメニュー

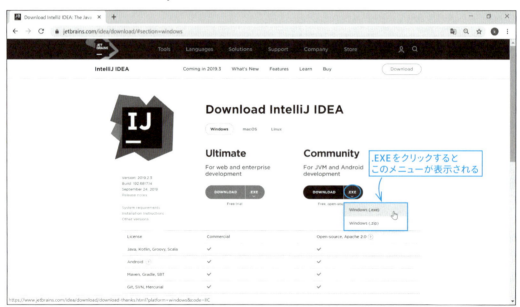

デフォルトでは、Windows版のダウンロードが選択されており、2019年10月時点でのダウンロードメニューは、exe形式とzip形式の2種類です。

exe形式を選択すると、インストーラーが起動して、一般的なWindowsアプリケーションと同様のインストールが行えます。一方のzip形式では、解凍や展開と呼ばれる作業を行った後に生成されるフォルダ群から、メインの実行ファイルをダブルクリックするだけで、IntelliJ IDEAが起動できます。

ちなみに、macOS版とLinux版では、Windows版とは異なるそれぞれのOSに準拠したファ

イル形式のメニューが現れます（**図2.4**）。

▼ 図2.4　macOS版とLinux版のダウンロードメニュー

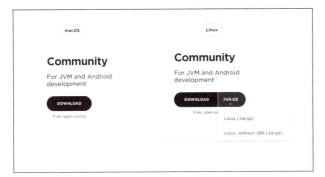

 IntelliJ IDEAの旧バージョンを利用したい場合

　IntelliJ IDEAの旧バージョンを利用したい場合は、**図2.2**のダウンロードページにある「Other versions」のリンクをクリックしてください（**図2.5**）。

- 旧バージョンのURL
  https://www.jetbrains.com/idea/download/previous.html

▼ 図2.5　旧バージョンのページ

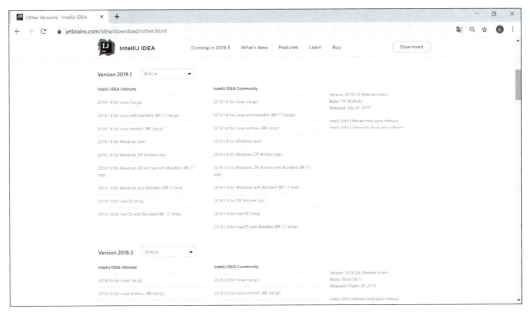

図2.5で示したように、旧バージョンのページ「Other IntelliJ IDEA Versions」では、3つのOS用のインストールプログラムがダウンロードできます。

> **ONEPOINT**
> IntelliJ IDEAは、2016年以降、バージョン表記を西暦と月形式に変更しています。

IntelliJ IDEAのインストール

それでは、IntelliJ IDEAをインストールする手順を紹介しましょう。ここでは、IntelliJ IDEA Communityのうち、Windows版のデフォルトともいうべきexe形式でインストールを進めます。

1. P.38のダウンロードサイトから、exe形式のメニューをクリックしてください。
2. 図2.6のページの下部にダウンロードのボタンが表示されるため、「保存」ボタンをクリックしてください。

▼ 図2.6 「保存」ボタンをクリックする

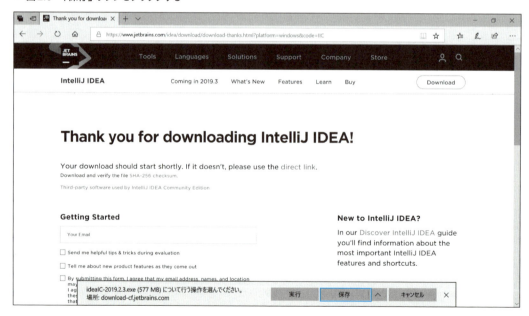

> **ONEPOINT**
> ダウンロードしたプログラムは、「idealC-xxxx.exe」などといった実行形式のファイルです。

3 ダウンロードしたプログラムをダブルクリックします。「ユーザーアカウント制御」が表示されたら、「はい」をクリックしてください。「Welcome to IntelliJ IDEA Commuinity Edition Setup」が表示されたら、「Next」ボタンをクリックします（図2.7）。

▼ 図2.7 「Welcome to IntelliJ IDEA Commuinity Edition Setup」画面

4 「Choose Install Location」の画面では、IntelliJ IDEAのインストール先が設定できるので、必要に応じて「Browse..」ボタンから、インストール先を変更し、「Next」ボタンをクリックします（図2.8）。

▼ 図2.8 「Choose Install Location」画面

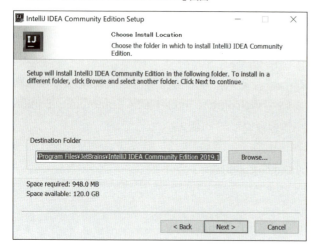

> **ONEPOINT**
> デフォルトで表示されているインストール先の空き容量等に問題がなければ、「Next」ボタンで次へ進みましょう。

5. 「Installation Options」画面では、必要な項目にチェックを付けて、「Next」ボタンで次へ進みます（図2.9）。「Installation Options」の項目については、表2.2を参照してください。

▼ 図2.9 「Installation Options」画面

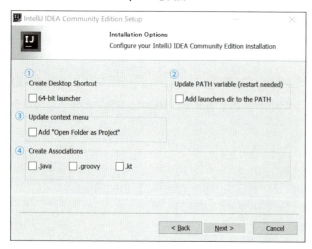

▼ 表2.2　「Installation Options」画面の項目

項目	意味
①Create Desktop Shortcut	デスクトップにショートカットを作成する
②Update PATH variable	環境変数のPATHにIntelliJのPATHを追加する
③Update context menu	コンテキスト（♯ショートカット）メニューにIntelliJ IDEAを追加する
④Create Associations	ソースファイルの関連付けにIntelliJ IDEAが追加される

ONEPOINT

「Update context menu」や「Create Associations」を選択した場合の具体例については、後述します。

6　「Choose Start Menu Folder」の画面では、デフォルトのままで「Install」ボタンをクリックし、「Installing」の画面では、完了までしばらく待ちます（図2.10）。

▼ 図2.10　「Installing」の画面

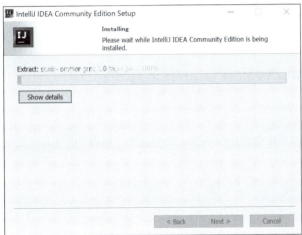

7　「Completing IntelliJ IDEA Community Edition Setup」画面が表示されたら、インストールは完了です。「Finish」ボタンをクリックして、インストールを完了させてください。なお、図2.11の画面にある「Run IntelliJ IDEA Community Edition」にチェックを付ければ、「Finish」ボタンクリック後にIntelliJ IDEAが起動します。

第2章　IntelliJ IDEA をはじめよう

▼図2.11　「Finish」ボタンをクリックしてインストールは完了する

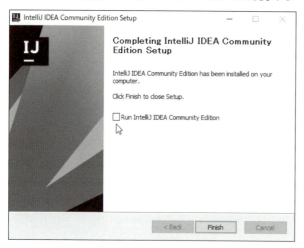

以上で、IntelliJ IDEA Communityのインストールは完了します。

インストールオプションについての補足

P.42で紹介したインストールオプションで、下記の2か所にチェックを付けた場合の様子について補足しておきます。

●Update context menu欄の「Add "Open Folder as Project"」にチェック

IntelliJ IDEAで作成したプロジェクトのフォルダを右クリックすると、ショートカットメニューに「Open Folder as IntelliJ IDEA Community Edition Project」が追加されているため、このメニューをクリックするだけで任意のプロジェクトをIntelliJ IDEAで起動できるようになります（図2.12）。

▼ 図2.12　ショートカットメニューからIntelliJ IDEAが起動できる

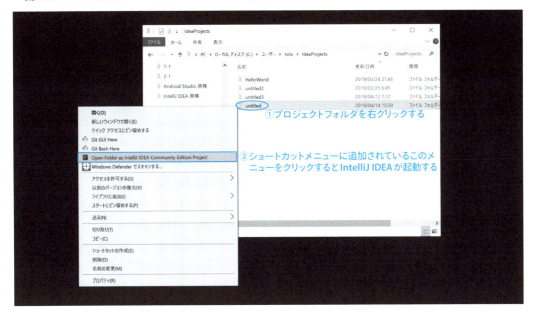

● Create Associations欄の「.java」にチェック

　JavaのソースプログラムにIntelliJ IDEAを関連付けることができるため、プロジェクト内にあるJavaソースファイルのアイコンをダブルクリックすると、IntelliJ IDEAが起動でき、該当するJavaソースファイルを編集することができるようになります（図2.13）。

▼ 図2.13　JavaのソースプログラムにIntelliJ IDEAを関連付けた例

　ちなみに、P.38で紹介したzip形式のファイルをダウンロードした場合は、以下の手順でIntelliJ IDEAを起動することができます。

1. ダウンロードしたzip形式のファイルを展開し、展開されたフォルダ内の「bin」フォルダを開きます。
2. 「bin」フォルダ内にある「idea64.exe」をダブルクリックします（図2.14）。

▼ 図2.14 「bin」フォルダ内の「idea64.exe」をダブルクリックする

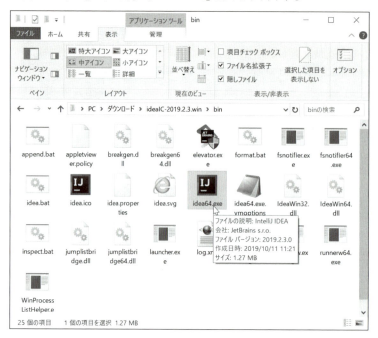

　IntelliJ IDEAをzip形式から利用する場合は、前述のように、メインのプログラムファイル「idea64.exe」を起動させるだけで済みます。exe形式のようなインストールの手順を踏まないため、削除する際もアンインストール作業は不要で、展開したフォルダを削除するだけです。

IntelliJ IDEAの初期設定

　インストールが完了したら、次は初期設定作業に移ります。以下にスタンダードな設定手順をあげておきましょう。

1. スタートメニューやデスクトップに生成されたIntelliJ IDEAのアイコンをダブルクリックします。
2. 旧バージョンのIntelliJ IDEAをインストールしていた場合などは、図2.15のダイアログボックスが表示されます。もし、旧バージョンの設定を引き継ぎたい場合は、図2.15で示したボタ

ンから設定場所を選択してください。引き継ぎたくない場合は、「Do not import settings」を選択して、＜OK＞ボタンをクリックしましょう。

▼ 図2.15　以前のIntelliJ IDEAの設定を引き継ぐか否かのダイアログボックス

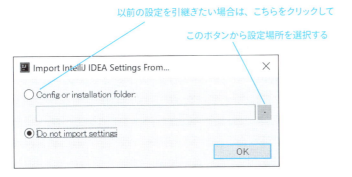

3. 「IntelliJ IDEA Privacy Policy Agreement」ダイアログボックスが表示されたら、画面下にある「Accept」ボタンをクリックします。「Customise IntelliJ IDEA」ダイアログボックスの「Set UI theme」画面では、画面背景などに白（Light）か、黒（Darcula）を基調としたものが選択できるため、好みの方を選択し、「Next: Default plugins」ボタンをクリックしてください（図2.16）。

▼ 図2.16　「Set UI theme」画面では、白か黒の背景色を選択する

第2章 IntelliJ IDEAをはじめよう

> **ONEPOINT**
> 本書では、白（IntelliJ）を選択します。「UI theme」は後で変更することも可能です。変更方法については、P.78を参照してください。

4 「Tune IDEA to your tasks」画面では、プラグインの設定ができますが、今回はデフォルトのまま、「Next: Featured plugins」ボタンで次へ進みます（図2.17）。「Download featured plugins」の画面でも、デフォルトのままで「Start using IntelliJ IDEA」ボタンをクリックします。

▼ 図2.17 「Tune IDEA to your tasks」画面

> **ONEPOINT**
> プラグインは、IntelliJ IDEAにデフォルトで備わっていない機能を追加するためのプログラムです。プラグインの設定手順については3章で紹介しています。また、「featured plugins」は、おすすめプラグインという意味です。「featured plugins」にあるScalaのインストールは、P.96で紹介しています。

5 図2.18のIntelliJ IDEAのスプラッシュ画面が表示されたら、しばらく待ちましょう。スプラッシュ画面とは、アプリケーションソフトなどが起動するまでの間に表示される画像を意味します。

▼ 図2.18　IntelliJ IDEAのスプラッシュ画面

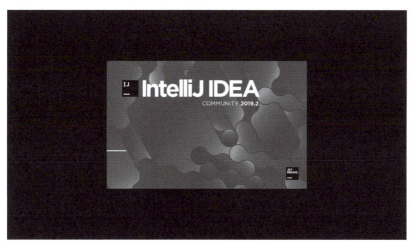

　スプラッシュ画面の後には、「Welcome to IntelliJ IDEA」という開発をスタートさせるための画面が表示されます。

IntelliJ IDEAの初期画面

　ここでは、IntelliJ IDEAの初期画面を取り上げるために、簡単なアプリケーションを、Javaを使って作成してみます。IntelliJ IDEAでは、プログラミングを行うための「プロジェクト」と呼ばれる環境を作成する必要があるのですが、プロジェクトの詳細については、**3章**を参照してください。

1. 「Welcome to IntelliJ IDEA」画面で「Create New Project」を選択します。「New Project」の画面では、左の欄で、「Java」が選択されていることを確認して「Next」ボタンをクリックします（**図2.19**）。

▼ 図2.19 「New Project」の画面

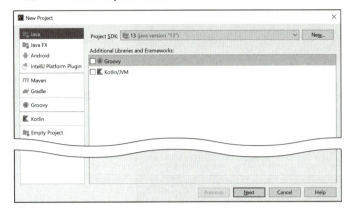

② 次のテンプレートが選択できる画面では、「Create project from template」にチェックを付けて、一覧にある「Java Hello World」を選択して「Next」ボタンをクリックします（図2.20）。

▼ 図2.20 「Java Hello World」を選択する

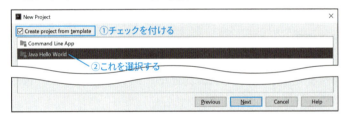

③ 次の画面では、任意のプロジェクト名を入力できますが、デフォルトの「untitled」のままで、「Finish」ボタンをクリックしてください（図2.21）。

▼ 図2.21 プロジェクト名は「untitled」のまま「Finish」ボタンをクリックする

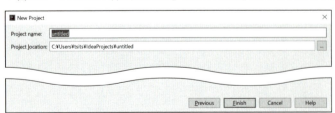

これでHello Worldと出力するJavaのプロジェクトが完成しました。**図2.22**は、IntelliJ IDEAのメインウィンドウにある▶をクリックして、プログラムを実行させたときの様子です。

> **ONEPOINT**
>
> IntelliJ IDEAのデフォルト設定では、プロジェクトの起動時に「今日のヒント」が表示されます。「今日のヒント」については、P.59を参照してください。

▼ 図2.22　完成したプロジェクトでプログラムを実行した例

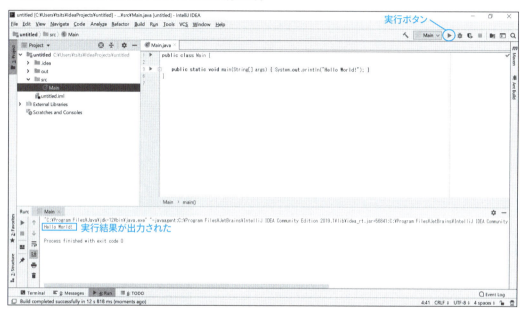

IntelliJ IDEAでは、このような手順でプロジェクトを作成し、プロジェクト内でプログラミングを行います。なお、プロジェクトの具体的な操作などについては、**3章**で詳しく取り上げています。

> **ONEPOINT**
>
> IntelliJ IDEAでScalaを使う場合は、ScalaプラグインをインストールするЧ必要があります。詳細はP.96を参照してください。

COLUMN **IntelliJ IDEA以外のIDE**

　IntelliJ IDEA以外の著名なIDEには、以下のものがあります。なお、ここで紹介したすべてのIDEは、IntelliJ IDEAと同様に、最初にプロジェクトを作成してアプリケーションを作り上げていくといった仕様になっています。

● **Eclipse**

　特にJavaの開発環境として確固たる地位を確立してきたIDEです（https://www.eclipse.org/）。オープンソースであり、Java以外の様々なプログラム言語のIDEとしても利用できます（図2.A）。

▼図2.A　Eclipse

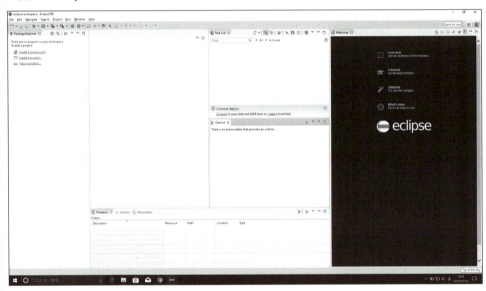

● **Xcode**

　Apple社の公式IDEです（https://developer.apple.com/jp/xcode/）。Apple社の製品であるiPhone、iPadといったiOS向けアプリの開発や、Apple社のPCであるMac（Mac OS）、Apple Watch、Apple TV用のアプリ開発ができます（図2.B）。

▼ 図2.B　Xcode

● **Visual Studio**

　Microsoft社の公式IDEです（https://docs.microsoft.com/ja-jp/visualstudio/）。WindowsアプリやWebアプリの開発以外に、iOSやAndroidなどのアプリ開発も可能であり、Microsoft社の製品であるVisual Basic、Visual C#、Visual C++の他にも、PythonやJavaScriptなどの様々なプログラム言語のIDEとして利用できます（**図2.C**）。

▼ 図2.C　Visual Studio

第2章　IntelliJ IDEAをはじめよう

2-2 IntelliJ IDEAの日本語化

IntelliJ IDEAのメニューやガイドメッセージなどはすべて英語です。ここでは、インストール後に日本語化するための手順を知っておきましょう。

Pleiades 日本語化プラグインとは

IntelliJ IDEAは、デフォルトで日本語に対応していません。日本語化するには、「Pleiades 日本語化プラグイン」が必要です。

「Pleiades 日本語化プラグイン」は、「Mergedoc Project」のサイトからダウンロードできます（図2.23）。

▼図2.23　「Mergedoc Project」のサイト（http://mergedoc.osdn.jp/）

Pleiadesは、EclipseやAndroid Studioのような、Javaで作成されたアプリケーションを日本語化するためのツールです。Pleiadesは、AOP（アスペクト指向プログラミング）と呼ばれる、既存のプログラミング言語の拡張機能を持つ仕組みを使って、動的にEclipseのメッセージを日本語化します。IntelliJ IDEAのバージョンに依存せず、日本語化できる点が大きな特徴であり、

IntelliJ IDEの新バージョンが登場した場合、いち早く日本語化できるといった強みを持っています。

Pleiades 日本語化プラグインの導入

Pleiades 日本語化プラグインの導入手順を以下に示します。

1 「Mergedoc Project」のサイトにある「Pleiadesプラグイン・ダウンロード」から、入手したいOS用のボタンをクリックします（図2.24）。ここではWindowsを選択しています。

▼ 図2.24 「Pleiades 日本語化プラグイン」はここからダウンロード

2 zip形式の圧縮ファイル（Windows版の場合なら「pleiades-win.zip」）のダウンロードが完了したら、そのファイルを展開し、展開後にできたフォルダ内にある、setup.exeをダブルクリックします（図2.25）。

第2章　IntelliJ IDEAをはじめよう

▼ 図2.25　setup.exeをダブルクリックする

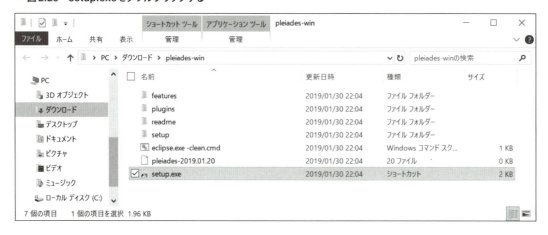

3　「Pleiades日本語化プラグインのセットアップ」ダイアログボックスが表示されたら、「日本語化するアプリケーション」部分の「選択」ボタンをクリックして、IntelliJ IDEAの実行ファイル「idea64.exe」を指定します（**図2.26**）。

▼ 図2.26　「選択」ボタンからIntelliJ IDEAの実行ファイルを指定する

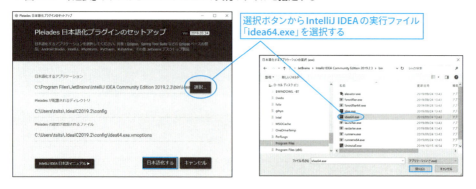

4　「日本語化する」ボタンをクリックして、次の「情報」メッセージが表示されたら、「OK」ボタンをクリックします（**図2.27**）。

▼ 図2.27　情報メッセージ

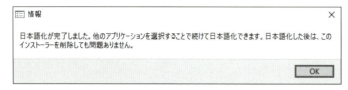

これで、日本語化は完了です。IntelliJ IDEAを起動すると、日本語化されていることが確認できます（**図2.28**）。

▼ 図2.28　日本語化されたIntelliJ IDEA

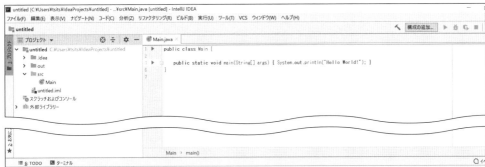

　ちなみに、デフォルトインストールの場合、IntelliJ IDEAの実行ファイルは、

C:¥Program Files¥JetBrains¥IntelliJ IDEA Community Edition xxxx.x\bin

にあります（xxxxは西暦年　xは月）。

　なお、Windowsのデフォルト設定では、idea64.exeファイルの拡張子「.exe」が非表示になっています。拡張子が非表示の場合は、**図2.26**と同じアイコンでファイル名が「idea 64」のものを選択してください。

2-3 IntelliJ IDEAの起動と終了

IntelliJ IDEAのインストールと日本語化が完了したら、次は起動と終了のいくつかの方法について紹介します。

IntelliJ IDEAの起動

P.40で紹介したexe形式のIntelliJ IDEAなら、Windowsのスタートメニューに IntelliJ IDEAが登録されるため、そのメニューをクリックして起動することができます（図2.29）。

▼ 図2.29 スタートメニューからIntelliJ IDEAを起動する

P.42の図2.9で「Create Desktop Shortcut」にチェックを付けていた場合は、デスクトップにあるアイコンをダブルクリックして起動することも可能です。また、IntelliJ IDEAの実行ファイルは、IntelliJ IDEAをインストールしたフォルダ→「IntelliJ IDEA Community Edition xxxx.x」→「bin」フォルダにある「idea64.exe」であるため、このファイルをダブルクリックしてもIntelliJ IDEAを起動することが可能です（図2.30）。

▼ 図2.30　実行ファイルから起動する

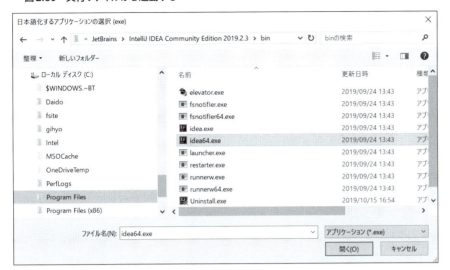

　ちなみに、zip形式のファイルからIntelliJ IDEAを利用している場合は、P.56で紹介したように、展開したフォルダ内の「bin」フォルダ内にあるidea64.exeファイルをダブルクリックします。

> **COLUMN　今日のヒント**
>
> 　IntelliJ IDEAのデフォルト設定では、IntelliJ IDEAを起動するたびに「今日のヒント」が表示されます（**図2.D**）。
>
> ▼ 図2.D　起動時には「今日のヒント」が表示される
>
>
>
> 　「今日のヒント」では、IntelliJ IDEAを使う際に役に立つヒントを提供していますが、起動時にヒントを表示させたくない場合は、**図2.D**で示した「起動時にヒントを表示する」のチェックを外してください。なお、「今日のヒント」を閉じた後でも、IntelliJ IDEAのメインメニューから「ヘルプ（H）」→「今日のヒント（T）」をクリックすれば、いつでもヒントを見ることができます。

IntelliJ IDEAの終了

他の多くのアプリケーションと同様に、Windows版 IntelliJ IDEAを終了させるには、以下の3通りの方法があります（**図2.31**）。

- 方法①　メニューから終了する
  IntelliJ IDEAのメインメニューから、「ファイル(F)」→「終了(X)」をクリックする

- 方法②　ボタンから終了する
  タイトルバーの右側にあるボタンをクリックする

- 方法③アイコンから終了する
  タイトルバーの左端にあるアイコンをクリックして、表示されたメニューから「閉じる(C)」をクリックする

▼ 図2.31　IntelliJ IDEAが終了できる場所

なお、先のいずれの終了操作を行っても、一旦**図2.32**の確認メッセージが表示されるため、うっかり終了させてしまうことはありませんが、このメッセージ内にある「今後この質問を表示しない」にチェックを付ければ、終了操作のみでダイレクトにIntelliJ IDEAを終了させることが可能です。

▼ 図2.32　終了の確認メッセージ

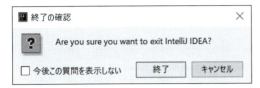

　再度「終了の確認メッセージ」を表示させたい場合は、IntelliJ IDEAのメインメニューから、「ファイル(F)」→「設定(T)」をクリックして、表示された「設定」ダイアログボックスの左側のメニューから「外観＆振る舞い」内の「システム設定」にある「アプリケーション終了時に確認する」にチェックを付けてください（図2.33）。

▼ 図2.33　「終了の確認メッセージ」はここで再表示できる

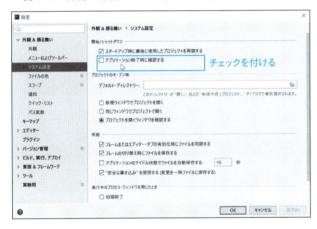

　ここでは、IntelliJ IDEA自体の終了手順についていくつか紹介しましたが、実際の開発では、プロジェクト単位でIntelliJ IDEAを利用するケースが多いため、IntelliJ IDEAのメインメニューから、「ファイル(F)」→「プロジェクトを閉じる(J)」でプロジェクトを終了し、一旦IntelliJ IDEAの起動画面に戻ることが大半です。

2-4 IntelliJ IDEAの画面構成

ここまでで、IntelliJ IDEAを使った開発の準備ができました。本章の最後では、IntelliJ IDEAの画面構成について紹介します。

 ### IntelliJ IDEAの開発ワークフロー

IntelliJ IDEAを使った開発の流れは以下の通りです。

①プロジェクトを作成する

P.49で紹介した手順で、プロジェクトを作成します。なお、プロジェクトについては、本章以降でもあらゆるところで取り上げていきます。

②プログラミングを行う

IntelliJ IDEAの様々な機能を使って、効率よくプログラミングを行います。

③ビルドする

作成したプログラムをビルドして実行します。

④デバッグやテストを行う

②③の過程において、プログラムが正常に動作するようデバッグを行います。IntelliJ IDEAには、プログラムの不具合を検出するためのテスト機能も搭載されています。

 ### IntelliJ IDEAの基本構成

まずは、インストールされたIntelliJ IDEAのフォルダ構成について見てみましょう（**図2.34**）。**表2.3**に主なフォルダの構成を示します。

▼ 表2.3　IntelliJ IDEAの主なフォルダ

フォルダ	説明
bin	IntelliJ IDEAの実行プログラムを含む、様々なプログラムが収納されている
jbr	Javaに関する様々なプログラムが収納されている
lib	アプリ開発に役立つ様々な部品プログラムなどが、jarファイルとして収納されている
license	IntelliJ IDEAが関わる様々なツールやプログラムのライセンスや、使用上の注意などを示したテキストファイルが収納されている
plugins	IntelliJ IDEAの機能を拡張するプログラムである「Plugin」が収納されている

▼ 図2.34　IntelliJ IDEAをインストールした先の基本的なフォルダ構成

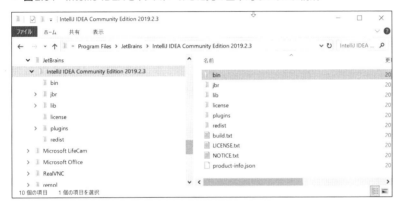

> ONEPOINT
> JAR（JavaARchive）ファイルとは、Javaの複数のクラスから構成されるアプリケーションを配布しやすいように、圧縮（アーカイブ）して一つのファイルにまとめたものです。

　なお、作成したプロジェクトは、IntelliJ IDEAのインストール先ではなく、デフォルトでは、ユーザーフォルダの「IdeaProjects」へ格納されています。**図2.35**は、「HelloWorld」という名前のプロジェクトの保存場所を示した例です。

第2章　IntelliJ IDEAをはじめよう

▼ 図2.35　プロジェクトの保存場所「IdeaProjects」

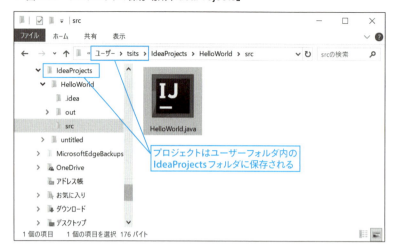

IntelliJ IDEAの画面構成

IntelliJ IDEAのメイン画面は、図2.36に示すように、いくつかのエリアに分かれています。

▼ 図2.36　IntelliJ IDEAのメイン画面

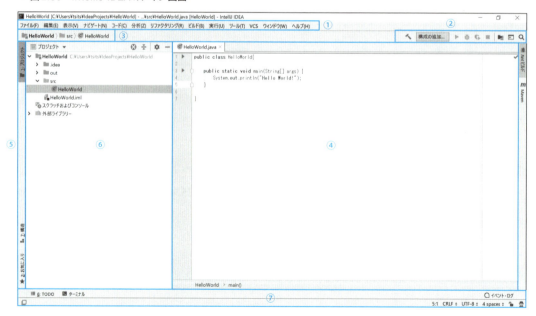

①メインメニューバー

　IntelliJ IDEAの操作項目がまとめられている

②ツールバー

　メインメニューバー内にあるメニューのうち、使用頻度の高いものがボタンで表示されている

③ナビゲーションバー

　現在開いているファイルの位置が、分かりやすい構成でコンパクトに表示される。プロジェクト内の移動や、ファイルの切り替えがスムーズに行える

④エディター ウィンドウ

　ソースコードなどのファイル作成や編集を行うエリア。編集するファイルの形式に応じてエディターが変化する

◢ ONEPOINT

エディターウィンドウの詳細は、**4章**を参照願います。

---

⑤ツール ウィンドウ バー

　IntelliJ IDEAの周囲にあるバー。ツールウィンドウバーに表示されたボタンをクリックすることで、個々のツールウィンドウを展開したり、折りたたんだりすることができる

⑥ツール ウィンドウ

　プロジェクト管理やデバッグ、バージョン管理など、IntelliJ IDEAに搭載された様々なツールを表示して、利用するためのウィンドウ

⑦ステータスバー

　プロジェクトの警告メッセージや、IntelliJ IDEA全体に関するステータスなどが表示される

COLUMN **Eclipseの構成との比較**

P.52で紹介したEclipseからIntelliJ IDEAに移行した場合などは、Eclipseとの基本的な違いを把握しておく必要があります。以下に、その違いをあげておきましょう。

IntelliJ IDEAにはワークスペースがない

Eclipseには、プロジェクトの保存先としての作業領域「ワークスペース」という概念がありますが、IntelliJ IDEAにはありません。

IntelliJ IDEAにはパースペクティブがない

Eclipseでは、利用環境に応じて、利用頻度の高いビューだけをレイアウトして定義した「パースペクティブ」と呼ばれるものがあり、デフォルトでデバッグ用やバージョン管理用のパースペクティブなどが存在しますが、IntelliJ IDEAでは、パースペクティブという概念はなく、作業に応じて関連するツールウィンドウが自動的に起動します。

IntelliJ IDEAには保存ボタンがない

IntelliJ IDEAには他のアプリケーションでよく見られる保存ボタンがありません。IntelliJ IDEAのデフォルト設定では、図2.Eで示したように、フレームの切り替え時や指定した時間単位で自動保存を行います。

フレームの切り替え時とは、IntelliJ IDEAからWebブラウザなど別のアプリケーションへ切り替える場面などを意味します。

もし、手動で保存したい場合は、図2.Eで示した、自動保存に関する項目のチェックを外して、IntelliJ IDEAのメインメニューにある「ファイル(F)」→「すべて保存(S)」か、ショートカットキーの Ctrl + S を使ってください。

▼ 図2.E　IntelliJ IDEAのデフォルトは自動保存

ツール ウィンドウの切り替え操作

　IntelliJ IDEAには、たくさんのツール ウィンドウがあり、作業ごとで利用するウィンドウが異なります。したがって、デフォルトの画面構成にこだわることなく、P.64で紹介したIntelliJ IDEAのメイン画面にある「ツール ウィンドウ バー」を使って表示を切り替え、作業しやすいウィンドウレイアウトに変更することが可能です。例えば、

「エディターウィンドウを広く使いたいので、プロジェクトツールウィンドウを非表示にしたい」

などといった場合は、ツールウィンドウバーの「プロジェクト」ボタンをクリックすれば、プロジェクトツールウィンドウを非表示にできます（図2.37）。

▼ 図2.37　プロジェクトツールウィンドウを非表示にした例

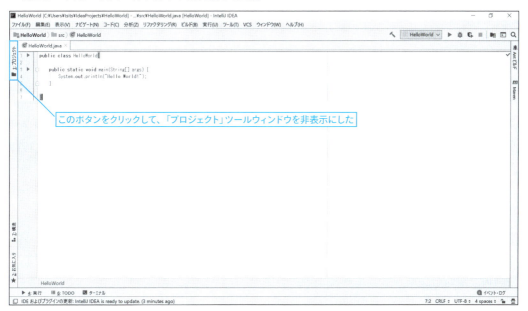

　ツールウィンドウバーにあるボタンは、クリックするごとに表示、非表示を繰り返すことができるため、プロジェクトツールバーを元通りに展開表示させたい場合は、再度「プロジェクト」ボタンをクリックしてください。
　複数のツールウィンドウを展開表示させることも可能です。図2.38は、「構造」と「実行」ツールウィンドウを表示させた例です。

▼ 図2.38 「構造」と「実行」ツールウィンドウを表示させた

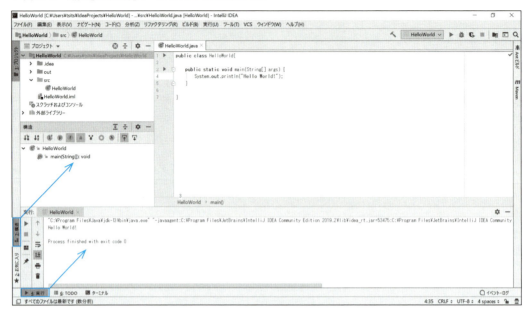

このように、IntelliJ IDEAの周囲にあるツールウィンドウバーを使えば、任意のツールウィンドウを展開表示できます。ちなみに、IntelliJ IDEAのメインメニューにある「表示(V)」→「ツール・ウィンドウ(T)」の先にあるツールウィンドウ項目をクリックしても、表示、非表示が可能です（図2.39）。

▼ 図2.39 IntelliJ IDEAのメインメニューにあるツールウィンドウ項目

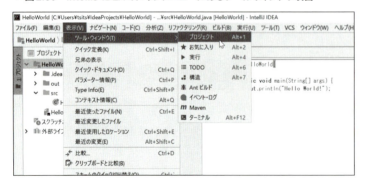

デフォルトの画面レイアウトに戻したい場合は、IntelliJ IDEAのメインメニューにある「ウィンドウ(W)」→「デフォルトレイアウトの復元」をクリックしてください。なお、好みのウィンドウレイアウトをデフォルトにしたい場合は、図2.40のメニュー欄にある「現在のレイアウトをデ

フォルトとして保管」をクリックしてください。

▼ 図2.40　デフォルトの画面レイアウトに戻すメニュー

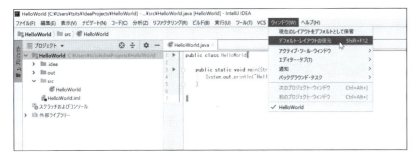

　ところで、プロジェクトツールウィンドウに表示される階層は、実際に保存されている階層形式と同じです。**図2.41**では、プロジェクトツールウィンドウとプロジェクトのデフォルトの保存先である「ユーザー」フォルダの「IdeaProjects」フォルダ内の階層を並べています。

▼ 図2.41　プロジェクトツールウィンドウの階層とプロジェクトの保存先

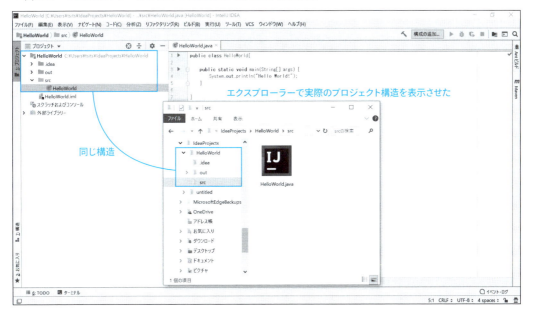

第2章　IntelliJ IDEA をはじめよう

COLUMN　**Eclipse のショートカットキーとの比較**

　IntelliJ IDEA で利用できるショートカットキーは、Eclipseと全く同じではありません。例えば、行削除や検索で使用できるショートカットキーなどは、Eclipseと異なります。**表2.A** に、両者で異なるショートカットキーの一部をあげておきましょう。

▼ 表2.A　EclipseとIntelliJ IDEA の主なショートカットキーの比較

アクション	Eclipse のショートカットキー	IntelliJ IDEA のショートカットキー
行を移動する	Alt + Up / DOWN	Shift + Alt + Up / Shift + Alt + DOWN
行削除	Ctrl + D	Ctrl + Y
最後の編集位置	Ctrl + Q	Ctrl + Shift + Back space
実行	Ctrl + Shift + F11	Shift + F10
囲む	Ctrl + Alt + Z	Ctrl + Alt + T
行コピー	Ctrl + Alt + DOWN	Ctrl + D
指定行へ移動する	Ctrl + L	Ctrl + G

● **EclipseとIntelliJ IDEA のショートカットキーについての案内サイト**

https://pleiades.io/help/idea/migrating-from-eclipse-to-intellij-idea.html

　なお、IntelliJ IDEAで使える主なショートカットは**6章**で取りあげています。

70

第3章

IntelliJ IDEAの
基本機能を理解する

3章では、IntelliJ IDEAの初期設定からプロジェクトの作成方法などの基本操作について紹介していきます。

本章の内容

3-1 　IntelliJ IDEAの初期設定
3-2 　IntelliJ IDEAをカスタマイズする
3-3 　プロジェクトを作成する

第3章 IntelliJ IDEA の基本機能を理解する

IntelliJ IDEA の初期設定

まずは IntelliJ IDEA の設定についてみていきます。ここで紹介する設定は、IntelliJ IDEA を使いやすくすることを目的とするため、画面を見やすくしたり、少しでもプログラミングが快適に行えるようにするための、インストール後に是非行っていただきたい設定です。

 起動後の画面設定

IntelliJ IDEA を起動すると、デフォルトでは「IntelliJ IDEA へようこそ」の画面が表示されます。まずは、画面右下の「構成」→「設定」をクリックしてください（図3.1）。

▼ 図3.1 「設定」ダイアログボックスへのメニューをクリックする

72

「新規プロジェクトの設定」ダイアログボックスでは、「新規プロジェクトの設定」の左側にあるメニューから、「外観&振る舞い」や「エディター」などの設定が可能です。

まずは、「外観&振る舞い」のサブメニューにある「外観」で、IntelliJ IDEA全体の配色を変更してみましょう。

1　左側のメニュー中の「外観&振る舞い」→「外観」をクリックします。
2　「ルック&フィール」のプルダウンメニューをクリックし、外観を変更します（ここでは「IntelliJ」を選択）。

▼ 図3.2　ルック&フィールの変更

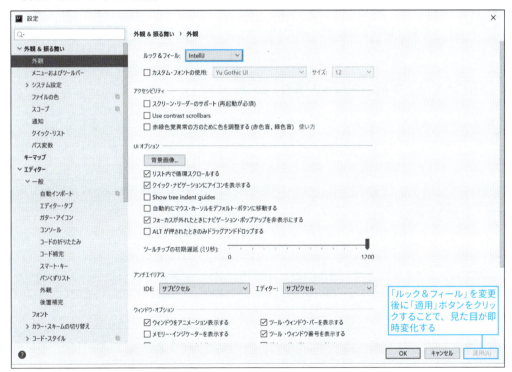

> ONEPOINT
>
> 「ルック&フィール」を変更した場合は、「適用(A)」ボタンをクリックすると、選択した外観がすぐに反映されます。なお、全ての設定を終える場合は、ダイアログボックスの右下にある＜OK＞ボタンをクリックしてください。

以下に、**図3.2**「ルック＆フィール」のプルダウンメニューにある項目をあげておきます。

● **Darcula**
IntelliJ IDEAのデフォルトの外観です。薄い黒を基調としており、長時間、画面を見続けていても目が疲れにくいといった特徴があります。

● **High contrast**
黒の背景に白文字といったコントラストの高い外観です。他の外観と比較すると明視性が高く、字が読みやすい点が特徴であり、字の見やすさを重視する場合はこの外観がおすすめです。

● **IntelliJ**
全体的に白味のある外観です。明るい画面を好む方におすすめです。

プロジェクトを開く場合の動作設定

次に振る舞いの例として、「プロジェクトを開く場合の動作」の設定を見てみましょう。

1. 左側のメニューから、「外観＆振る舞い」→「システム設定」をクリックします。
2. 「開始/シャットダウン」の「スタートアップ時に最後に使用したプロジェクトを再開する」のチェックを外します。

> **ONEPOINT**
> 手順2のチェックを外すことで、IntelliJ IDEAの起動時の最初の画面を「IntelliJ IDEAへようこそ」にすることができます。起動時に新規プロジェクトを作成するのか、作成済みプロジェクトを開くのか、頻度によって決めましょう。

3. 「プロジェクトのオープン時」欄では、「新規ウィンドウでプロジェクトを開く」を選択してください（**図3.3**）。

▼ 図3.3 外観&振る舞いのシステム設定

| ONE POINT |

デフォルトの設定では、プロジェクトを開くたびに確認画面が表示されますが、③を選択すれば、確認画面を出さずに、プロジェクトを表示させることができます。

エディター画面での設定

エディター画面の設定

はじめに、マウス動作と行末のスペースを除去する設定方法を紹介します。

1. 左側のメニューから、「エディター」→「一般」をクリックします。
2. 「マウス動作の詳細」の「Ctrl+マウスホイールでフォントのサイズ変更を可能にする」のチェックを付けてください。

第3章 IntelliJ IDEAの基本機能を理解する

> **ONEPOINT**
> エディター画面上のプログラムの文章に対して、拡大と縮小が簡単に行えるようになります。

3　「その他」の「保存時に行末のスペースを除去する」を「すべて」に変更します。

> **ONEPOINT**
> プログラムを保存した時に、入力行以外のすべての行に対して、不要なスペースを削除できます。

▼ 図3.4　エディターの設定

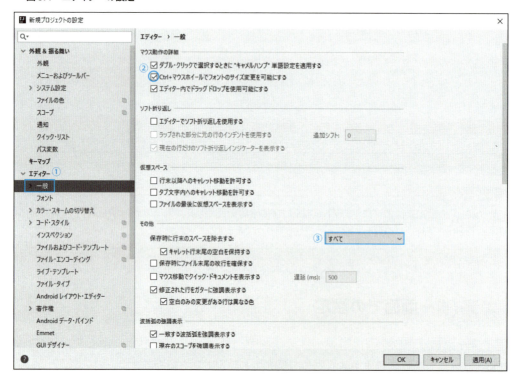

エディターの外観設定

さらに、エディターの外観を設定することもできます。

1　左側のメニューから、「エディター」→「一般」→「外観」をクリックします。
2　「メソッド・セパレーターを表示する」のチェックを付けます。

3-1 IntelliJ IDEA の初期設定

▼ 図3.5 メソッド・セパレーターを表示した例

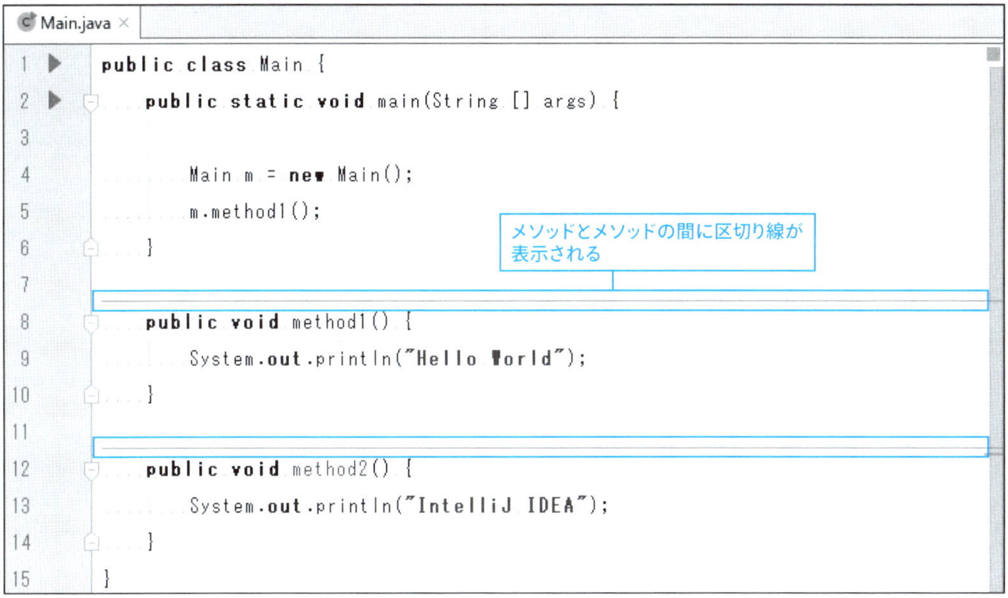

```java
public class Main {
    public static void main(String[] args) {

        Main m = new Main();
        m.method1();
    }

    public void method1() {
        System.out.println("Hello World");
    }

    public void method2() {
        System.out.println("IntelliJ IDEA");
    }
}
```

メソッドとメソッドの間に区切り線が
表示される

ONEPOINT

　メソッド・セパレーターを表示すると、**図3.5**で示したように、ソースコード内の各メソッド間に区切り線が表示されるため、メソッドの開始行から終了行までの範囲がわかりやすくなります。

---

③ 「空白を表示する」のチェックを付けます。

ONEPOINT

　ソースコード内の空白文字（スペースやタブなど）が含まれる場所や文字数が、視覚的にわかりやすくなります。

77

第3章　IntelliJ IDEAの基本機能を理解する

▼ 図3.6　エディターの外観設定（空白文字を表示）

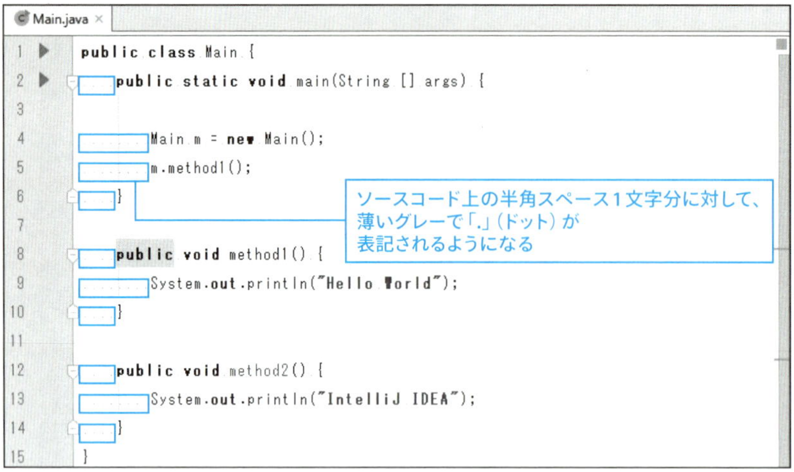

```
public class Main {
    public static void main(String [] args) {

        Main m = new Main();
        m.method1();
    }


    public void method1() {
        System.out.println("Hello World");
    }


    public void method2() {
        System.out.println("IntelliJ IDEA");
    }
}
```

ソースコード上の半角スペース1文字分に対して、薄いグレーで「.」（ドット）が表記されるようになる

コード補完中の文字の自動変換を無効にする

次は、エディター上で、入力補完中の文字の大文字と小文字の自動変換を無効にする設定例です。

1. 左側のメニューから、「エディター」→「一般」→「コード補完」をクリックします。
2. 「大/小文字を区別する」のチェックを外します。

▼ 図3.7　コード補完中の文字の大文字／小文字の区別を無効にした

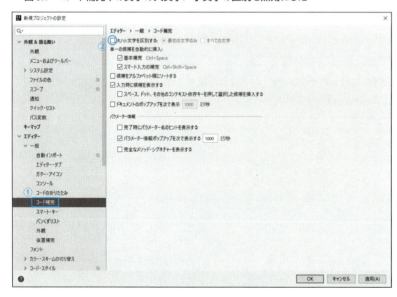

COLUMN **コード補完中の文字の大文字と小文字の自動変換を無効にするについて**

　IntelliJ IDEAでは、プログラムの入力中に「コード補完」という入力中のキーワードに対する候補を提案してくれる機能があります。この機能を使うと、文字を全て入力することなく、目的のキーワードを自動入力できるため、大変便利です。

　しかし、コード補完のデフォルト設定では、「大/小文字を区別する」にチェックが入っているため、入力したいキーワードの大文字・小文字を正確に入力しないと候補が出てきません。

（例）「System.out」と入力する場合
System. と入力する場合は、候補が出てくる。
system. と入力する場合は、候補が出てこない。

　前述のように、「大/小文字を区別する」にチェックを外すことによって、小文字でも大文字でもキーワードに該当する候補が一覧表示されるようになるため、目的のキーワードを簡単に入力することができます（**図3.A**）。

▼ 図3.A　小文字で入力しても大文字の候補が表示される

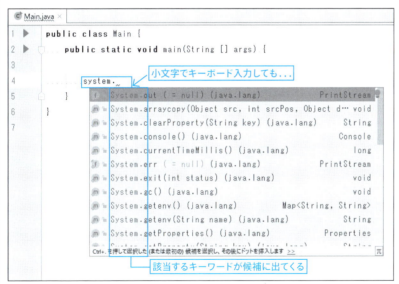

　大文字と小文字が多く混在するプログラムを記述する場合には、より効果的です。

フォントサイズと行間に関する設定

次は、フォントサイズと行間を変更する設定例を紹介します。

1. 左側のメニューから、「エディター」→「フォント」をクリックします。
2. 「サイズ」を「15」に、「行間」を「1.2」に変更します。

▼ 図3.8　フォントサイズと行間の変更

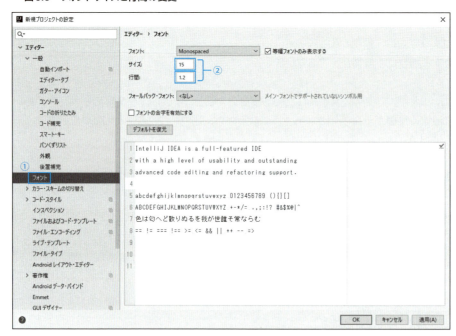

> **ONEPOINT**
>
> フォントサイズや行間については、読みやすいとされる設定に個人差があると思いますので、実際にIntelliJ IDEAに触れてから設定を見直してください。

エンコーディングを統一する

　文字列などのデータを、一定の規則に従って符号化することを「エンコーディング」と呼びます。現在のエンコーディングを変更し、UTF-8に統一する手順を紹介します。

1. 左側のメニューから、「エディター」→「コード・スタイル」→「ファイル・エンコーディング」をクリックします。

2　「プロジェクト・エンコーディング」を「UTF-8」に変更します。
3　「プロパティー・ファイル(*.properties)」の「プロパティー・ファイルのデフォルト・エンコード」を「UTF-8」に変更します。
4　「ネイティブ・コードからASCIIコードへの自動変換を行う」にチェックを付けます。

▼ 図3.9　エンコーディングの設定

　上記の設定によって、IntelliJ IDEAで開くファイルのエンコーディング（文字コード）はすべてUTF-8に統一されます。

COLUMN　**UTF-8とは**

　UTF-8とは、世界中の言語を共通で利用できるように拡張性を持たせた文字コードであり、世界的にもポピュラーな文字コードとして知られています。
　UTF-8以外のエンコーディングには、「Shift-JIS」「EUC」「ASCII」などが存在し、特定の英数字または言語しか含まないものもあります。しかし、世界各国でコンピュータが利用されている今日では、コンピュータ間の通信やデータのやりとりで様々な言語が利用されます。利用できない文字データが含まれていると、「文字化け」を起こしてしまい、文章を正しく表示することができません。
　そのような問題を避けるため、近年の開発環境ではエンコーディングをUTF-8に統一することが一般的になっています。

第3章　IntelliJ IDEAの基本機能を理解する

 ## プラグインのインストール

　プラグインをインストールすれば、IntelliJ IDEAにデフォルトで備わっていない機能を追加することができます。ここでは、プラグインのインストールと設定手順をあげておきましょう。

1　左側のメニューから、「プラグイン」をクリックします。
2　「マーケットプレース」タブの画面に表示されたプラグインから、必要なものを「Install」ボタンをクリックしてインストールを開始します。

▼ 図3.10　プラグインのインストール

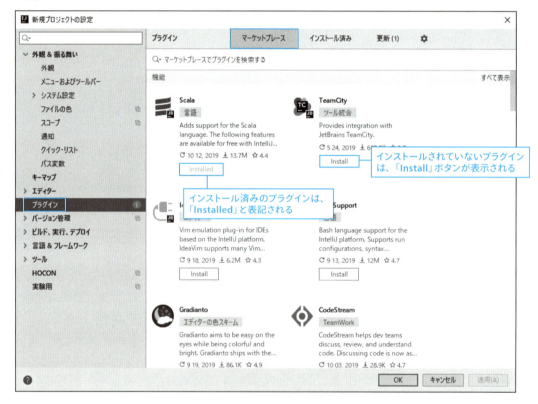

ONEPOINT
「インストール済み」タブでは、インストール済みのプラグインが確認できます。なお、インストールの詳細は、P.95を参照願います。

82

設定のインポートとエクスポート

　これまでに紹介したいろいろな設定を、開発メンバーで共有したり、別のコンピュータに移行したいといった場合、IntelliJ IDEAでは、設定した内容をファイルに保存して持ち出すことができます。また、設定内容が保存できれば、以前の設定に戻すこともできるため、いちいち最初から設定し直す必要がありません。ここでは、設定内容の保存や移行方法について見ていきましょう。

設定をエクスポートする

　設定をエクスポートする手順は以下の通りです。なお、エクスポートでは、IntelliJ IDEAの設定情報がファイルとして保存されます。

1　「IntelliJ IDEAへようこそ」画面右下の「構成」をクリックして、表示されたメニューから「設定のエクスポート」を選択します（図3.11）。

▼　図3.11　IntelliJ IDEAへようこそ（「設定のエクスポート」メニュー）

第3章　IntelliJ IDEAの基本機能を理解する

② 「設定のエクスポート」ダイアログが表示されるので、エクスポートさせたい項目にチェックが付いていることを確認し、ダイアログボックス下にある「設定のエクスポート：」欄で、エクスポートするファイルの保存先とファイル名を確認して＜OK＞ボタンをクリックします（**図3.12**）。

▼ 図3.12　設定のエクスポート

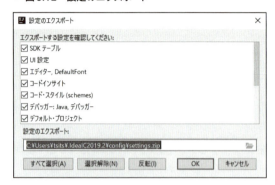

> **ONEPOINT**
>
> デフォルトの保存先は、P.111で紹介するIntelliJ IDEAの構成ディレクトリですが、「設定のエクスポート：」欄へ直接入力することで、任意の場所への変更やファイル名の変更が可能です。

③ 「エクスポートの正常終了」メッセージが表示されたら、「閉じる」ボタンをクリックしてください（**図3.13**）。

▼ 図3.13　「エクスポートの正常終了」メッセージ

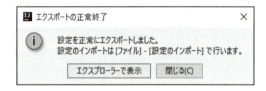

設定をインポートする

エクスポートしたファイルはzip形式で保存されます。次に、エクスポートしたzip形式の設定ファイルをインポートする手順を見ていきましょう。

① 「IntelliJ IDEAへようこそ」画面右下の「構成」をクリックして、表示されたメニューから「設定

のインポート」を選択します（**図3.14**）。

▼ 図3.14　IntelliJ IDEAへようこそ（「設定のインポート」メニュー）

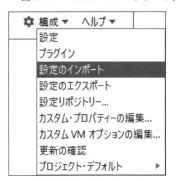

② 「インポートするファイルの場所」ダイアログボックス内に表示されているフォルダ階層から、エクスポートした設定ファイルを選択して、＜OK＞ボタンをクリックします（**図3.15**）。

▼ 図3.15　インポートするファイルを選択する

③ 「インポートするコンポーネントの選択」ダイアログが表示されたら、インポートしたい項目がチェックされていることを確認して＜OK＞ボタンをクリックします（**図3.16**）。

▼ 図3.16 インポートするコンポーネントの選択

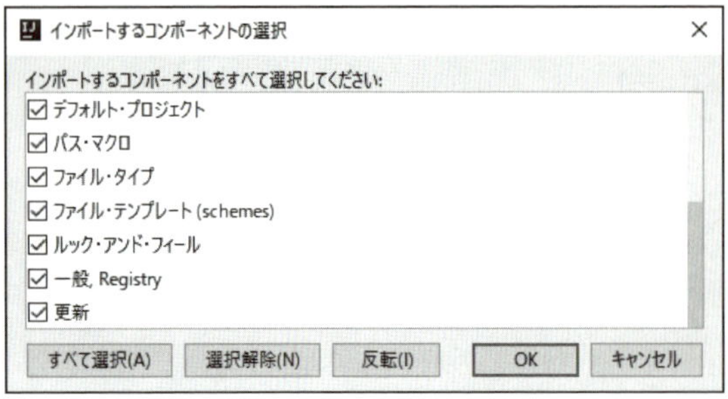

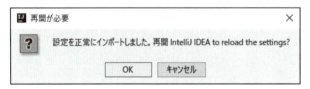

4 「再開が必要」メッセージが表示されたら、＜OK＞ボタンをクリックします（図3.17）。

▼ 図3.17 「再開が必要」メッセージ

この後、設定を反映するためにIntelliJ IDEAが再起動して、インポートが完了します。

JDK（Java SE Development Kit）をインストールする

　IntelliJ IDEAでJavaのプログラム開発を行うには、JDK（Java SE Development Kit）が必要になります。JDKやJREは図3.18に示すサイトでダウンロードすることができます。2019年10月時点では、一番上にある「Java SE 13」がリリースされている最新版（バージョン13のJava）です。なお、その下にバージョン12以前のJavaの項目があります。

https://www.oracle.com/technetwork/java/javase/downloads/index.html

> **ONEPOINT**
> 　JRE（Java Runtime Environment）には、既存のJavaプログラムを動作させるための実行環境だけが含まれています。

▼ 図3.18　JDKのダウンロードサイト

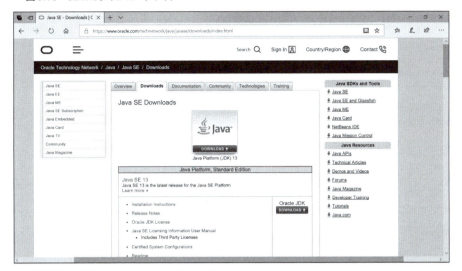

> ONEPOINT
> 　本書では最新版であるバージョン13のインストールを行ないますが、必要であれば利用しているパソコン環境に適切なバージョンをインストールしてください。

　以下に、JDKをダウンロードしてインストールするまでの手順をあげておきます。

1　ダウンロードサイトにある「Java SE 13」の「DOWNLOAD」ボタンをクリックします。

▼ 図3.19　JDK13をダウンロードするためのボタン

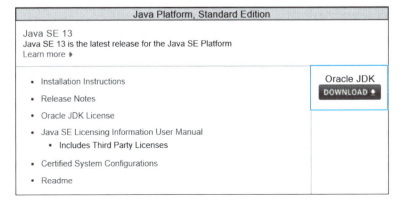

第3章　IntelliJ IDEAの基本機能を理解する

2　次の画面では、「Java SE Development Kit 13」の中の「Accept License Agreement」をクリックして、ライセンス条項に同意します。一覧からダウンロードしたいJDKをクリックします（**図3.20**）。

◢ ONEPOINT

JDKには、LinuxやMacOS用といったWindows以外のOSに対応したバージョンが存在します。なお、JDKバージョン13は、64bit版OSにのみ対応しており、32bitOSでは利用することができません。

▼ 図3.20　ライセンスに同意してダウンロードしたJDKを選択する

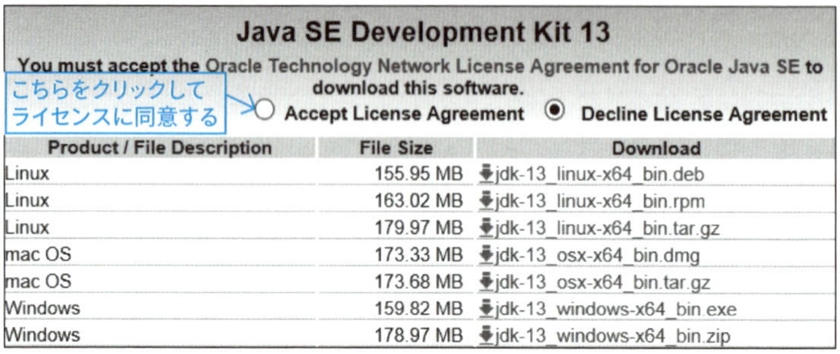

3　今回はWindows用ののJDKをインストールするため、**図3.21**で示したように「Windows」の項目にある「jdk-13_windows-x64_bin.exe」のダウンロードリンクをクリックします。

▼ 図3.21　今回ダウンロードするJDK13

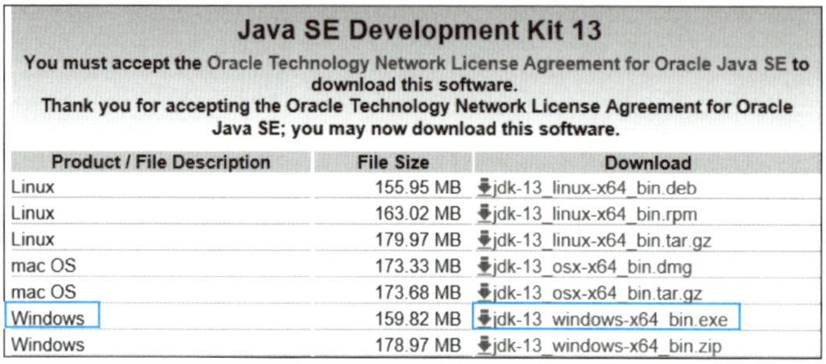

4　ダウンロードした「jdk-13_windows-x64_bin.exe」をダブルクリックします。セットアップ画面が表示されたら、「次へ(N)」ボタンをクリックします（**図3.22**）。

▼ 図3.22　JDK13のセットアップ画面

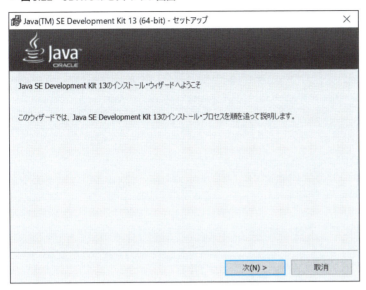

5　「宛先フォルダ」画面では、「インストール先：」を確認して「次へ(N)」ボタンをクリックします
（図3.23）。

▼ 図3.23　「宛先フォルダ」画面

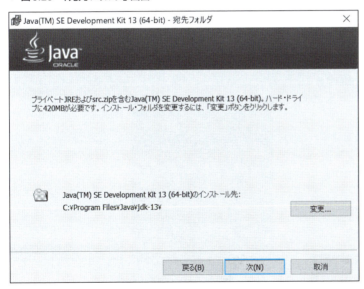

6　インストールの完了画面が表示されたら「閉じる(C)」ボタンをクリックします（図3.24）。

▼ 図3.24 「完了」画面

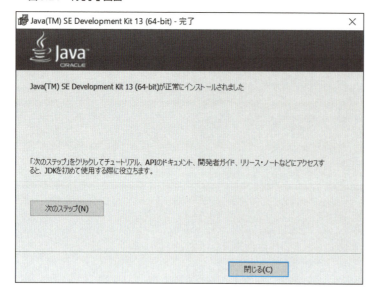

JDKをIntelliJ IDEAに登録する

インストールしたJDKは、IntelliJ IDEAに登録する必要があります。以下に登録方法をあげておきましょう。

1. 「IntelliJ IDEAへようこそ」画面右下の「構成」をクリックして、表示されたメニューから「新規プロジェクトの構造」を選択してください（**図3.25**）。

▼ 図3.25 「新規プロジェクトの構造」を選択する

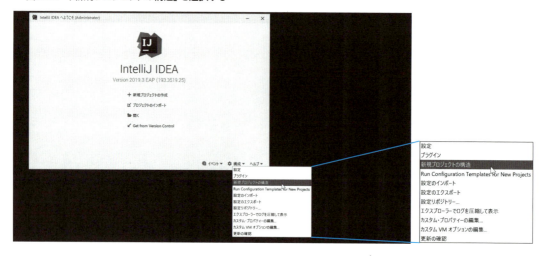

> ONEPOINT
>
> IntelliJ IDEAのバージョンによっては、「プロジェクト・デフォルト」→「プロジェクト構造」を選択する必要があります。

2　「プロジェクト構造 for New Projects」という画面が表示されるので、左側のメニューから、「プラットフォーム設定」→「SDK」を選択します（図3.26）。

▼ 図3.26　「プロジェクト構造 for New Projects」

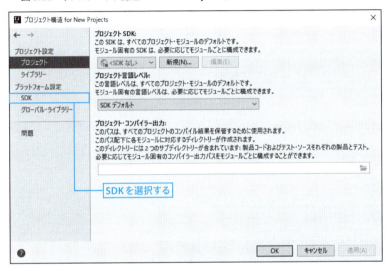

3　既に登録されているJDKが一覧表示されたら、一覧表示の左上の方にある「＋」をクリックします（図3.27）。

> ONEPOINT
>
> 登録されていない場合は、何も表示されていません。また、JDKバージョン13が既に登録されている場合は、以降の作業は不要です。

第3章　IntelliJ IDEAの基本機能を理解する

▼ 図3.27　登録されているSDKの一覧

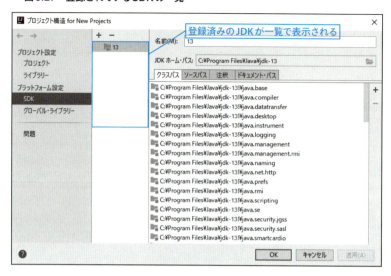

4 「＋」を選択すると、「新規SDKの追加」のメニューが表示されるので「JDK」を選択します（図3.28）。

▼ 図3.28　新規SDKの追加

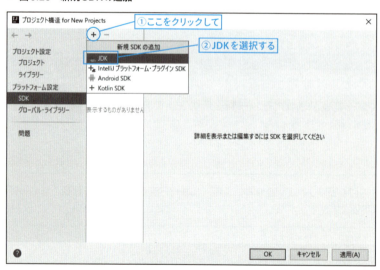

5 JDKのインストール先を選択するウィンドウが表示されるので、登録したいJDKのフォルダを選択して、＜OK＞ボタンをクリックします（図3.29）。

▼ 図3.29　JDKのホーム・ディレクトリー選択

ONEPOINT

　JavaプロジェクトごとにJDKのバージョンを切り替えてプログラム開発を行うことができます。複数のバージョンのJDKを使用する場合は、必要なJDKを先の手順でインストールしておきましょう。

3-2　IntelliJ IDEAをカスタマイズする

IntelliJ IDEAをカスタマイズするには「プラグイン」が必要となります。「プラグイン」は、IntelliJ IDEA標準機能以外の機能を提供するためのものであり、例えば、「開発環境（プログラミング言語）」や「UI（補助機能）」などといった機能を追加することができます。

プラグインの設定画面を開く

　プラグインの設定画面は、「IntelliJ IDEAへようこそ」画面から呼び出すことができます。「IntelliJ IDEAへようこそ」画面右下の「構成」→「設定」をクリックして、「プラグイン」を選択

します（図3.30）。

▼ 図3.30　プラグインの設定画面が表示された

ONEPOINT
プラグインのインストール、アップデートはインターネット接続が必須になります。

プラグインの設定画面の見方

設定画面には「マーケットプレース」「インストール済み」「更新」といった3つのタブが並んでいます。まずは、それぞれのタブの内容について確認しておきましょう（表3.1）。

▼ 表3.1　プラグインの設定項目

タブ項目	説明
マーケットプレース	提供されているプラグインが一覧表示されている。新たにプラグインをインストールする場合に使用する。プラグインは、IntelliJ IDEA標準のリポジトリからダウンロードしてインストールする
インストール済み	インストール済みのプラグインが一覧表示されている。プラグインを有効／無効化する場合にも使用する
更新	インストール済みのプラグインでアップデートが可能なものが一覧表示されている

3-2　IntelliJ IDEAをカスタマイズする

COLUMN　**アップデートの通知について**

　アップデート可能なプラグインが存在する場合は、自動的に「IntelliJ IDEAへようこそ」の画面の右下に「イベント」という項目が表示されます（**図3.B**）。「イベント」では、アップデート可能なプラグインの数が吹き出しで表示されています。

▼ 図3.B　「イベント」によるアップデートの通知

プラグインをインストールする

　それでは、「プラグイン」のインストールについて見ていきましょう。**表3.1**で示した「マーケットプレース」タブでは、JetBrains公式サイトで提供している各種プラグインをダウンロードしてインストールすることが可能です。

> ONEPOINT
> 「マーケットプレース」からは、公式プラグインからサードパーティ製のプラグインまで、開発者にニーズに対応する様々なプラグインのダウンロードが可能です。

　今回はプログラム言語「Scala」の利用で必要となる「Scala」プラグインをインストールしていきます。

1 「マーケットプレース」タブをクリックし、検索ボックスに「Scala」と入力して、Enter キーを押します。入力したキーワードに応じて関連するプラグインが一覧で表示されます（図3.31）。

▼ 図3.31　プラグインの検索

2 「Scala」の「Install」ボタンをクリックすると、ダウンロードが開始され、プラグインがインストールされます（図3.32）。

▼ 図3.32　プラグインのインストール

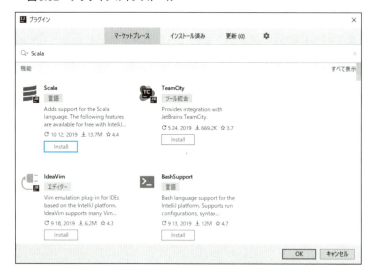

3-2 IntelliJ IDEA をカスタマイズする

3 インストールするプラグインによっては「IntelliJ IDEA」の再起動が必要になります。「Restart IDE」ボタンが表示されたらクリックして「IntelliJ IDEA」を再起動させてください（図3.33）。

▼ 図3.33 「Restart IDE」ボタンをクリックして「IntelliJ IDEA」を再起動する

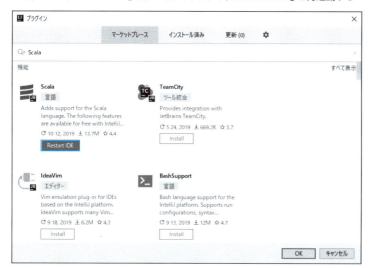

4 「IDEおよびプラグインの更新」ダイアログボックスが表示されたら「再開」ボタンをクリックします（図3.34）。再起動が完了すると「IntelliJ IDEAへようこそ」画面が表示されますので、再度「プラグイン」の設定画面を開いておいてください。

▼ 図3.34 IDEおよびプラグインの更新

COLUMN 「Scala」プラグインのインストール前と後について>

　先の「Scala」プラグインをインストールする前と後で、新規プロジェクトの画面構成を比較してみましょう。なお、新規プロジェクトの画面は、「IntelliJ IDEAへようこそ」画面の「新規プロジェクトの作成」をクリックすれば表示されます。以下は、「Scala」プラグインをインストールする前の画面です（図3.C）。

▼ 図3.C　「Scala」インストール前の「新規プロジェクト」の画面

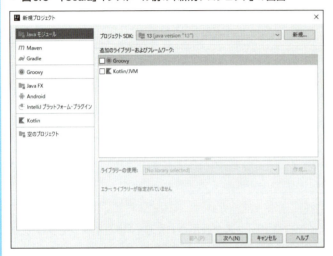

　画面左側には「Scala」の登録がないため、「Scala」による開発が行なえない状態であることがわかります。図3.Dに「Scala」プラグインをインストールした後の画面をあげてみます。

▼ 図3.D　「Scala」インストール完了後の「新規プロジェクト」の画面

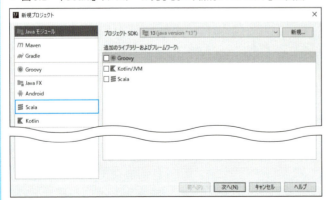

　画面左側に「Scala」が登録されており、「Scala」プラグインのインストールによって「Scala」による開発が行なえる状態であることが確認できます。

プラグインの有効／無効化

「プラグイン」をインストールすれば、そのプラグインは自動的に有効化され、利用可能となります。まずは、P.95で紹介した「プラグイン」の画面でインストール済みの「Scala」プラグインの状態を確認してみましょう（図3.35）。

▼ 図3.35 インストール済みプラグインの一覧

「ダウンロード済み」欄では、追加インストールされた「Scala」プラグインが確認できます。また、「バンドル」欄には、「IntelliJ IDEA」に標準搭載されているプラグインが表示されています（図3.36）。

▼ 図3.36 「ダウンロード済み」欄では追加インストールされたプラグインが確認できる

有効化されているプラグインにはチェックマークが付いており、「Scala」プラグインがインストール後に自動的に有効化されていることが確認できます。なお、インストールされているプラグインで不要なものがあれば、チェックマークを外して無効化することもできます（図3.37）。

▼ 図3.37　チェックが外れているプラグインは「無効化」されている

チェックマークの有無でプラグインの有効／無効化の設定を変更した場合は、＜OK＞ボタンをクリックした後に、「IDEおよびプラグインの更新」メッセージが表示されます（図3.38）。

▼ 図3.38　IDEおよびプラグインの更新

メッセージ内の「再開」ボタンをクリックすれば、再起動となり、設定が反映されます。

「マーケットプレース」を経由せずにプラグインを入手する

プラグインをインストールするためのファイルを「プラグイン・ファイル」と呼びますが、「マーケットプレース」では、「プラグイン・ファイル」をインターネット上で検索し、ダウンロード

してインストールすることになります。

　しかし、セキュリティなどの問題で、直接インターネットに接続できないコンピュータでは、「マーケットプレース」が利用できません。そのような場合は、インターネットに接続できるコンピュータから間接的にプラグインを入手する必要があります（**図3.39**）。

▼ 図3.39　インターネット接続ができない場合のプラグイン入手

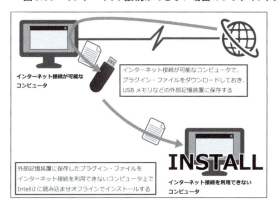

　次節で紹介するJetBrainsの公式サイトには、プラグインがダウンロードできるページが用意されています。そこで、まずインターネット接続ができるコンピュータで、ダウンロードページから「プラグイン・ファイル」をダウンロードし、その後、プラグインを利用したいコンピュータに取り込ましょう。

　なお、入手したいプラグインのダウンロードサイトを「マーケットプレース」で検索してから、表示させることも可能です。ここでは先のScalaプラグインを例にあげて紹介しておきます。

1　P.96で紹介した「プラグイン」画面の「マーケットプレース」タブで、入手したいプラグインのキーワードを入力して検索します（ここでは「scala」と入力）。

> **ONEPOINT**
> 　ここでは、インターネット接続ができるコンピュータにIntelliJ IDEAがインストールされている前提で話を進めています。このコンピュータでプラグインを入手したら、USBメモリなどを使って、実際にプラグインをインストールしたいコンピュータにプラグインをコピーしましょう。

2　表示されたプラグインのタイトル部分をクリックします。プラグイン単体の画面に切り替わるので、さらにプラグインのタイトルをクリックします（**図3.40**）。

▼ 図3.40　プラグイン単体の画面でもプラグインのタイトル部分をクリックする

3　プラグインのサイトが表示されるので右上にある「Get」ボタンをクリックします（図3.41）。

▼ 図3.41　プラグインサイトの右上にある「Get」ボタンをクリックする。

3-2　IntelliJ IDEAをカスタマイズする

[4] プラグインの「Version History」が表示されるので、ダウンロードしたいバージョンをクリックします（図**3.42**）。

▼ 図3.42　プラグインの「Version History」が表示される

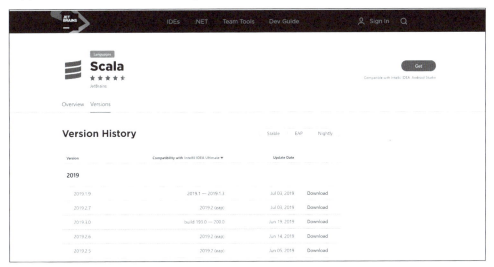

ONEPOINT
IntelliJ IDEAにインストールできる「プラグイン・ファイル」のファイル形式は「JAR」もしくは「ZIP」のみとなります。

ダウンロードしたプラグインのインストール手順については、次節で取り上げています。

JetBrains公式サイトからプラグインをダウンロードする

JetBrains公式サイトにあるプラグインのページでは、公式プラグインからサードパーティ製のプラグインまで、様々なプラグイン・ファイルが用意されています。

https://plugins.jetbrains.com

P.102では、「マーケットプレース」でScalaプラグインを検索して、タイトルのリンクからプラグインのページにたどり着きましたが、先のページもこのプラグインのページの一部です。

ここでは、公式プラグインのページからAceJumpプラグインを入手する手順を紹介しましょ

103

第3章　IntelliJ IDEAの基本機能を理解する

う。AceJumpプラグインには、マウス操作を行なわずにキーボードの文字入力のみで、ソースコード上の特定の単語や文字に入力カーソルを瞬時に移動させる便利な機能が備わっています。

図3.43は、AceJumpプラグインを導入した例です。Ctrl + ; （セミコロン）キーで、カーソルの色が青色に変化し、キーボードで入力した文字に該当する箇所がフォーカスされ、英語のラベルが表示されます。ラベルに表記されたアルファベットをキーボードで入力すると、そのラベルに入力カーソルが移動します。

▼ 図3.43　AceJumpプラグインでラベルが表示された例

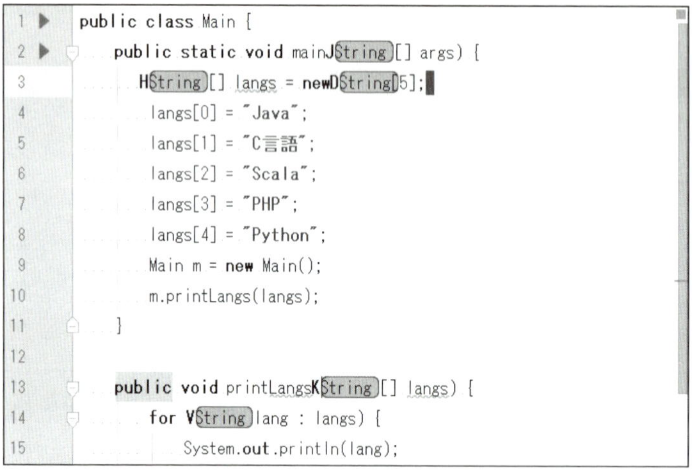

```
1  ▶  public class Main {
2  ▶      public static void mainJString[] args) {
3              HString[] langs = newDString]5];
4              langs[0] = "Java";
5              langs[1] = "C言語";
6              langs[2] = "Scala";
7              langs[3] = "PHP";
8              langs[4] = "Python";
9              Main m = new Main();
10             m.printLangs(langs);
11         }
12
13         public void printLangsKString[] langs) {
14             for VString lang : langs) {
15                 System.out.println(lang);
```

それでは、AceJumpプラグインを入手してみましょう。

① P.103の公式プラグインのページにアクセスし、トップページにある検索ボックスに、ダウンロードしたいプラグインの名前を入力してください。

② 検索キーワードに該当するプラグインが検索結果に一覧表示される（ここではAceJumpプラグインを検索した例）ので、入手したいものをクリックしてください（図3.44）。

104

▼ 図3.44　プラグインの検索結果

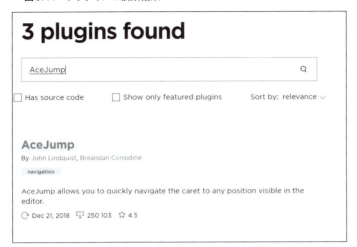

③　プラグインのダウンロードページが開くので、「Version History」の「Compatibility with」項目を「IntelliJ IDEA Community」に変更します（**図3.45**）。

▼ 図3.45　「Compatibility with」の項目

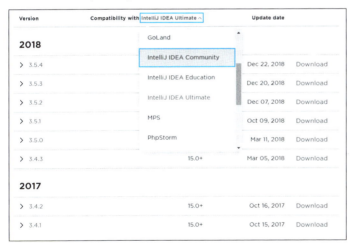

④　一覧から必要なバージョンの「プラグイン・ファイル」をクリックしてダウンロードを開始してください（**図3.46**）。

第3章　IntelliJ IDEAの基本機能を理解する

▼ 図3.46　必要なプラグイン・ファイルをダウンロードする

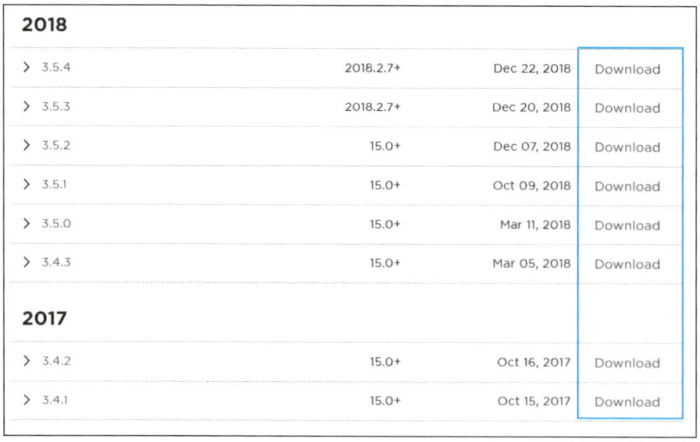

2018			
> 3.5.4	2018.2.7+	Dec 22, 2018	Download
> 3.5.3	2018.2.7+	Dec 20, 2018	Download
> 3.5.2	15.0+	Dec 07, 2018	Download
> 3.5.1	15.0+	Oct 09, 2018	Download
> 3.5.0	15.0+	Mar 11, 2018	Download
> 3.4.3	15.0+	Mar 05, 2018	Download
2017			
> 3.4.2	15.0+	Oct 16, 2017	Download
> 3.4.1	15.0+	Oct 15, 2017	Download

COLUMN 「Version History」の「Compatibility with」項目について

前述したプラグインのダウンロードページにある「Version History」の「Compatibility」項目にあるメニューについて補足しておきます（**表3.A**）。

▼ 表3.A　「Compatibility」項目にあるメニュー

メニュー	内容
IntelliJ IDEA Ultimate	有償版のIntelliJ IDEAを利用している場合のみ利用できるプラグインです
IntelliJ IDEA Education	「Education」は、IT技術者の育成を目的に配布されているプラグインであることを意味します

なお、「Compatibility with」の項目が変更できない、または、プルダウンメニューの選択肢に「IntelliJ IDEA Community」が存在しないプラグインは、無償版でのダウンロードおよびインストールができません。

USBメモリなどから「プラグイン・ファイル」をインストールする

次に、USBメモリなどを使用して、ダウンロードした「プラグイン・ファイル」をインストールする手順を紹介しましょう。P.101で紹介した、インターネットに直接接続できないコンピュータにプラグインを追加したい場合には、この手順が必要となります。なお、プラグイン・ファイルは、USBメモリなどで、インストールしたいコンピュータの任意の場所にコピーしておきましょう。

1. 「IntelliJ IDEA」の「プラグイン」画面で、「更新」タブの右側にある✿をクリックします。
2. 表示されたメニューにある「ディスクからプラグインをインストール...」をクリックします（図3.47）。

▼ 図3.47　ディスクからプラグインをインストール

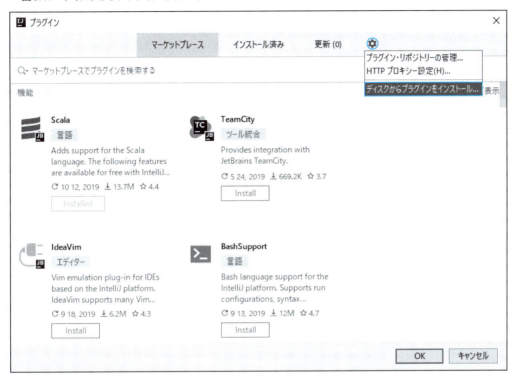

3. 「プラグイン・ファイルの選択」ダイアログボックスが表示されたら、インストールしたい「プラグイン・ファイル」を選択（ここではacejump-3.5.4.zip）して、＜OK＞ボタンをクリックしてください（図3.48）。

▼ 図3.48　プラグイン・ファイルの選択

第3章　IntelliJ IDEAの基本機能を理解する

> **ONEPOINT**
> ③の操作後、プラグインは即時インストールされます。完了メッセージ等は表示されないため、注意が必要です。

4　「プラグイン」画面の「インストール済み」タブをクリックし、プラグインがインストール済み（ここではAceJump）であることを確認して、「Restart IDE」ボタンをクリックします（図3.49）。

▼ 図3.49　「インストール済み」タブで「Restart IDE」ボタンをクリックする

IntelliJ IDEAの再起動後に、インストールしたプラグインが利用可能となります。

> **ONEPOINT**
> 「プラグイン・ファイル」の形式に準拠したものであればJetBrains公式サイト以外で配布されているサードパーティ製のプラグインもインストールすることができます。

3-3 プロジェクトを作成する

プログラムを開発する上で主体となるものが「プロジェクト」です。ここでは、プロジェクトの作成手順と一般的によく使われる機能や活用方法について紹介します。

 ## プロジェクトの作成

まずは、Javaプロジェクトを作成する例をもとにして、プロジェクトの作成の流れをみていきましょう。

1. 「IntelliJ IDEA」の起動画面にあるメニューから、「新規プロジェクトの作成」をクリックします（図3.50）。

▼ 図3.50 「IntelliJ IDEA」の起動画面で「新規プロジェクトの作成」をクリックする

> **ONEPOINT**
> プロジェクトという言葉は、「企画」や「計画」を意味します。プロジェクトは通常、複数人のチームで遂行されますが、IntelliJ IDEAのプロジェクトも、複数人のメンバーでプロジェクトを共有して開発を進めることが大半です。

2. 次に表示される「新規プロジェクト」では、「Javaモジュール」を選択してください。「プロジェクトSDK」欄では、JavaのSDK（Software Development Kit）であるJDKが選択されていること

を確認して、「次へ(N)」ボタンをクリックします（図3.51）。

▼ 図3.51　新規プロジェクト

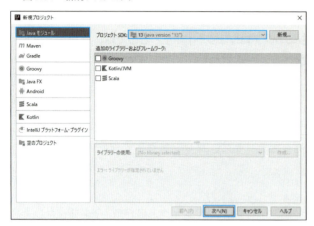

◆ ONEPOINT

　IntelliJ IDEAでプロジェクトを作成する場合は、図3.51で示したように、先に開発に用いる「プログラム言語」などを選択する必要があります。

3　次の画面では、「テンプレートからプロジェクトを作成する」のチェックを付けずに、「次へ(N)」ボタンをクリックします（図3.52）。

▼ 図3.52　「テンプレートからプロジェクトを作成する」にチェックは付けない

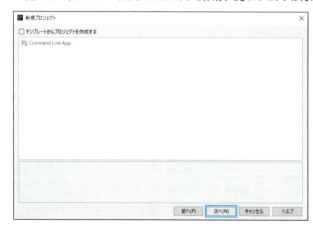

> ONEPOINT
>
> テンプレートとは、プログラムを作成する上で雛形となるデータのことです。今回はテンプレートを使いませんが、開発現場によっては、毎回同じソースプログラムを使うことが多いため、あらかじめテンプレートを作成しておくことで開発の効率を高めることができます。なお、P.129でテンプレートの作成手順を紹介しています。

4 次のダイアログボックスでは、「プロジェクト名（A）」欄に任意のプロジェクト名を入力（ここではHelloWorld）します。「プロジェクトのロケーション（L）」欄では、保存先の最後にプロジェクト名と同じ名前のフォルダが自動生成されたパス（保存先を示す文字列）が確認できます（図3.53）。確認後、画面の右下にある「完了（F）」ボタンをクリックします。

▼ 図3.53 プロジェクト名と保存先を設定する

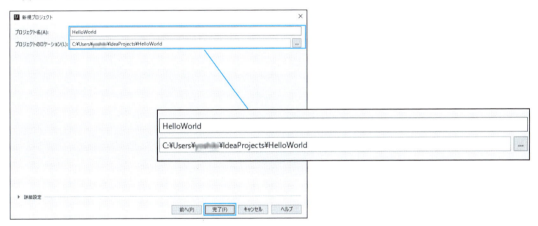

> ONEPOINT
>
> デフォルトでは、Windowsのユーザフォルダ内の「IdeaProjects」フォルダ→「プロジェクト名のフォルダ」が保存先になります。

　これでプロジェクトが作成できました。プロジェクトの作成直後などでは、プロジェクトの画面が表示されると同時に、図3.54で示す「今日のヒント」ダイアログボックスが表示されます。「今日のヒント」ダイアログボックスでは、IntelliJ IDEAの機能を紹介していますが、もしこのダイアログボックスを表示させたくない場合は、「起動時にヒントを表示する」のチェックを外してください。

▼ 図3.54 「今日のヒント」ダイアログボックス

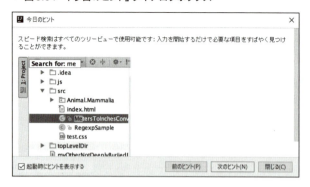

「プロジェクト」欄では、先の手順で入力したプロジェクト名「HelloWorld」のJavaプロジェクトが確認できます（図3.55）。

▼ 図3.55 作成されたJavaプロジェクト

Javaクラスを作成する

前述の手順で作成したJavaプロジェクトには、プロジェクト内に「src」という名前のフォルダが生成されています。

srcフォルダは、これから開発するJavaのソースファイルを保存するためのフォルダです。ここでは、Javaのソースファイルを生成する手順を紹介していきましょう。

まずは、Javaクラスを保管するためのパッケージを作成します。

パッケージを作成する

まずは、Javaクラスを保管するためのパッケージを作成します。

1. プロジェクト欄のプロジェクトフォルダ（ここではHelloWorld）内にある「src」フォルダを選択します。

2 IntelliJ IDEAのメニューから「ファイル(F)」→「新規(N)」→「パッケージ」をクリックします。
3 「新規パッケージ」のダイアログボックスが表示されたら、パッケージ名（ここではcom.example）を入力して、「OK」ボタンをクリックしてください（図3.56）。

▼ 図3.56 「新規パッケージ」ダイアログボックス

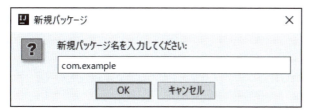

> ONEPOINT
> パッケージについては、P.115のコラムを参照してください。

クラスを作成する

Javaのソースファイルは「class（クラス）」に属するため、パッケージの中にクラスを作成する必要があります。クラスを作成する手順は以下の通りです。

1 「src」フォルダの中に作成されたパッケージ（ここではcom.example）を選択します（図3.57）。

▼ 図3.57 作成したパッケージを選択する

2 IntelliJ IDEAのメニューから、「ファイル(F)」→「新規(N)」→「Javaクラス」をクリックします。
3 「新規クラスの作成」のダイアログボックスが表示されたら、「名前」欄に任意のクラス名（ここではHello）を入力し、「種類：」欄が「Class」になっていることを確認して、＜OK＞ボタンをクリックしてください（図3.58）。

▼ 図3.58 「新規クラスの作成」ダイアログボックス

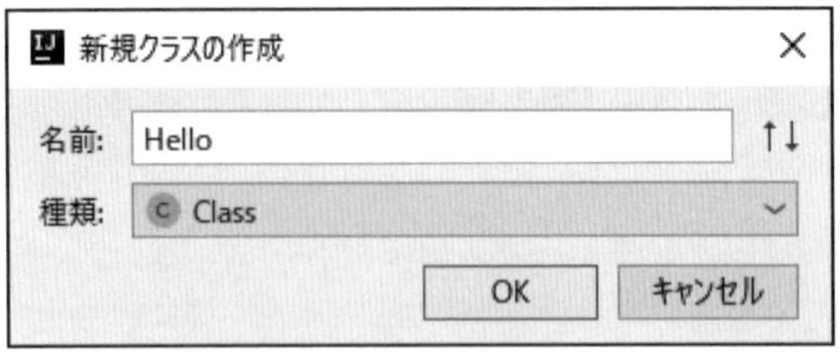

ONEPOINT
Javaのクラス名は、「大文字で始まり、それ以降は小文字」「言葉の区切りは大文字」などといった「Pascal」記法と呼ばれる命名規則を適用することが一般的です。

Javaクラスを作成すると、ソースファイルが生成されます（図3.59）。

▼ 図3.59 Javaクラスを作成してソースファイルが生成された例

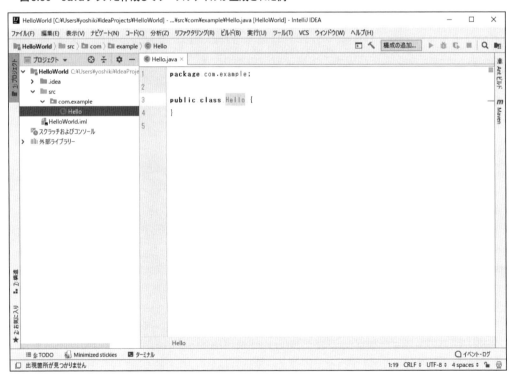

COLUMN **パッケージとドメイン**

パッケージを作成せずに、Javaクラスを生成した場合は、パッケージに属さないクラスが生成されます（図3.E）。

▼ 図3.E　パッケージの属さないクラスを作成することもできるが…

パッケージとは、複数のJavaクラスを分類、管理するための使用されるフォルダのようなものです。機能ごとに関連するクラス同士をひとつのパッケージにまとめておくことで、ソースコードのメンテナンス性を高めることができます。

また、パッケージには以下のような命名規則が決められています。

- ドメイン名を逆にして表記する
- すべて小文字を使用する
- プログラムの開発者・開発チーム名などを明示する

パッケージ名が他の第三者と重複しないように、ドメインの使用が推奨されています。
ドメインとは、会社や組織、開発チームといった団体を表す名称のことで、主にウェブサイトのアドレスに多く用いられます。ドメインは世界中で一意の名称であり、一度ドメインを使用する権利を取得すれば第三者が同じドメインを使用することができません。そのルールに基づき、パッケージ名に多く用いられています。
技術評論社のドメインgihyo.jpを例にして考えてみましょう。

①まずは、ドメイン名を逆にする

「gihyo.jp」→「jp.gihyo」(左から読むと「日本」の「技術評論社」という意味になる)

②Javaクラスの機能や役割ごとにパッケージ(以下は例)を作成する。

jp.gihyo.app.servlet　(サーブレット処理に関するクラスをまとめたパッケージ)
jp.gihyo.app.bean　(ビーンに関するクラスをまとめたパッケージ)
jp.gihyo.app.dao　(データベース処理に関するクラスをまとめたパッケージ)

③Javaクラスをパッケージに分類する

　Javaクラスの機能や役割ごとにパッケージに振り分けする。

　クラスオブジェクトに対してアクセス修飾子を設定すれば、クラス間でのオブジェクトの呼び出しを制限することができるようになります。また、成果物を共有する際には、チームメンバーが意図しないオブジェクトの呼び出しを行うなどといった混乱を、設計の段階で回避することが可能になります。

プロジェクトを閉じる

　IntelliJ IDEA自体を終了すれば、現在開いているプロジェクトを閉じることはできます。しかし、その場合、再度プロジェクトを開く際に、IntelliJ IDEAの起動から始める必要があるため、あまり効率がよくありません。

　IntelliJ IDEAのメニューから「ファイル(F)」→「プロジェクトを閉じる(J)」をクリックすれば、IntelliJ IDEAを起動させたままで、プロジェクトを閉じることができます(**図3.60**)。

▼ 図3.60　IntelliJ IDEAの「プロジェクトを閉じる」メニュー

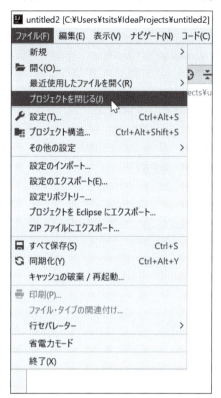

　なお、IntelliJ IDEAのデフォルト設定では、メニューからプロジェクトを閉じずに、IntelliJ IDEAを終了すると、次回起動時は、前回のプロジェクトが表示されます。ちなみに、P.74の「振る舞いの設定」で紹介した「プロジェクトを開く場合の動作」で、IntelliJ IDEA起動時の設定を変更することも可能です。

> ONEPOINT
> 　プロジェクトを閉じた後は、「IntelliJ IDEAへようこそ」の画面が表示されますので、再度同じプロジェクトを開いたり、他のプロジェクトを開くことが可能です。

プロジェクトを開く

IntelliJ IDEAで作成済みのプロジェクトを開くには、次の方法が挙げられます。

第3章　IntelliJ IDEAの基本機能を理解する

①「IntelliJ IDEAへようこそ」の画面から開く
②IntelliJ IDEAのメインメニューから開く

さらに、①の画面からプロジェクトを開く方法は、2通りあります。

「IntelliJ IDEAへようこそ」画面の左側に一覧表示される、過去に開いたことのあるプロジェクトから選択する

IntelliJ IDEAで一度でも開いたプロジェクトは「IntelliJ IDEAへようこそ」の画面の左上に一覧表示され、そこで選択したプロジェクトを開くことができます（**図3.61**）。

▼ 図3.61　過去に開いたことのあるプロジェクトの一覧から開く

> **ONEPOINT**
> 　一覧に表示されているプロジェクトを削除する場合は、図3.63で示したように、該当するプロジェクトにマウスポインタを合わせると、「×」ボタンが表示されるため、「×」ボタンをクリックして削除できます。

「IntelliJ IDEAへようこそ」画面の中央にある「開く」メニューを選択する

「開く」メニューをクリックすると、「ファイルまたはプロジェクトを開く」ダイアログボックスが表示されるので、開きたいプロジェクトを選択して＜OK＞ボタンをクリックしてください（**図3.62**）。

▼ 図3.62　「ファイルまたはプロジェクトを開く」ダイアログボックス

ONEPOINT

プロジェクト作成時にプロジェクトの保存先を指定しなかった場合は、ユーザフォルダ内の「IdeaProjects」フォルダがデフォルトの保存先になっています。

IntelliJ IDEAのメインメニューから開く

　IntelliJ IDEAのメインメニューからプロジェクトを開く場合は、メインメニューの「ファイル（F）」→「開く（O）」をクリックして、図3.62に示した「ファイルまたはプロジェクトを開く」ダイアログボックスを表示させ、プロジェクトを選択して、＜OK＞ボタンをクリックします。

　なお、現在のプロジェクトを閉じるとメイン画面自体も閉じられ、図3.61の「IntelliJ IDEAへようこそ」画面が表示されるため、後述する複数のプロジェクトを開く際に有効です。

複数のプロジェクトを開く

　現在利用しているプロジェクトを開いたままで、別のプロジェクトに含まれているソースコードの検証や比較、動作の確認をしたいこともあります。

　ここでは、前述のプロジェクト（HelloWorld）を開いている状態で、Sampleという別のプロジェクトを開く方法を紹介しましょう。

1　IntelliJ IDEAのメニューから「ファイル（F）」→「開く（O）」をクリックします。

119

第3章　IntelliJ IDEAの基本機能を理解する

②「ファイルまたはプロジェクトを開く」のダイアログボックスが表示されるので、他に開きたいプロジェクト（ここではSampleプロジェクト）を選択して、＜OK＞ボタンをクリックしてください。

　手順②で選択したプロジェクトを開くと、図3.63のように別々のウィンドウでそれぞれのプロジェクトを開くことができます。

▼ 図3.63　複数のプロジェクトを開いた例

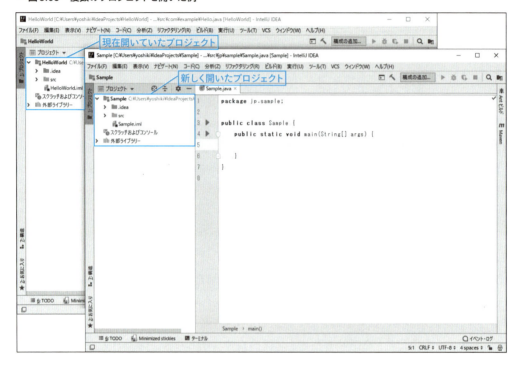

 プロジェクトを移行する（エクスポート）

　プロジェクトをバックアップする場合や、他のコンピュータを導入した場合などは、現在のコンピュータにあるプロジェクトを移行する必要があります。以下に、Windowsでプロジェクトを移行する方法をあげておきましょう。
　プロジェクトの移行は、

- プロジェクトの保存先を直接開いて行う方法
- IntelliJ IDEAのメニューから移行する方法

120

があります。

プロジェクトの保存先からプロジェクトを移行する

まずは、プロジェクトの保存先からプロジェクトを移行する方法を紹介します。

1. エクスプローラーでプロジェクトの保存先を開きます。
2. 移行させるプロジェクトをフォルダごと選択します（図3.64）。

▼ 図3.64　プロジェクトのフォルダを選択する

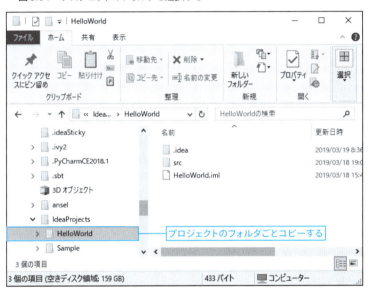

3. 選択したフォルダを、USBメモリやネットワーク上のディスクなどにドラッグアンドドロップするなどして保存してください。
4. 移行先のコンピュータにあるIntelliJ IDEAのプロジェクトの保存先に、USBメモリなどに保存した先のプロジェクトフォルダをコピーします。

IntelliJ IDEAのメニューから移行する

次にIntelliJ IDEAのメニューから移行する方法を紹介します。

1. プロジェクトを開いた状態で、IntelliJ IDEAのメニューから「ファイル(F)」→「ZIPファイルにエクスポート」をクリックします。
2. 「Save Project As Zip」のダイアログボックスが表示されたら、エクスポートする保存先フォル

ダを任意で選択し、「OK」ボタンをクリックします（図3.65）。

▼ 図3.65　Zip形式としてプロジェクトをエクスポートする

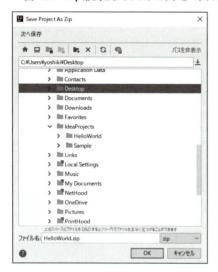

> ONEPOINT
>
> IntelliJ IDEAのメニューから「ファイル(F)」→「プロジェクトをEclipseにエクスポート」を選択すれば、作成したIntelliJ IDEAのプロジェクトを、他のIDEである「Eclipse」の形式のプロジェクトとしてエクスポートすることもできます。

 ## プロジェクトのインポート

前述の手順でコピーやエクスポートを行ったプロジェクトは、以下の手順で他のコンピュータにインポートすることも可能です。

[1]　「IntelliJ IDEAへようこそ」画面中央にある「プロジェクトのインポート」をクリックします（図3.66）。

3-3 プロジェクトを作成する

▼ 図3.66　IntelliJ IDEAへようこそ

[2]　「インポートするファイルまたはディレクトリーの選択」ダイアログボックスが表示されたら、インポートしたいプロジェクト（ここではSampleProject）を選択して、＜OK＞ボタンをクリックします（**図3.67**）。

▼ 図3.67　インポートするファイルまたはディレクトリーの選択

第3章　IntelliJ IDEAの基本機能を理解する

> **ONEPOINT**
> 「プロジェクトを移行する（エクスポート）」の手順で紹介したようなアーカイブ形式（zip）のプロジェクトを直接インポートすることはできません。インポート時には必ず展開しておきましょう。

3　「プロジェクトのインポート」のダイアログボックスが表示されたら、「既存ソースからモジュールを作成」を選択して、「次へ（N）」ボタンをクリックします（図3.68）。

▼ 図3.68　既存ソースからプロジェクトを作成する

4　次の画面では、インポートするプロジェクトの名前や保存先がデフォルトで設定されていることを確認して「次へ（N）」ボタンをクリックしてください。なお、この画面でインポートするプロジェクトの名前や保存先を変更することも可能です（図3.69）。

▼ 図3.69　インポートするプロジェクトを確認する

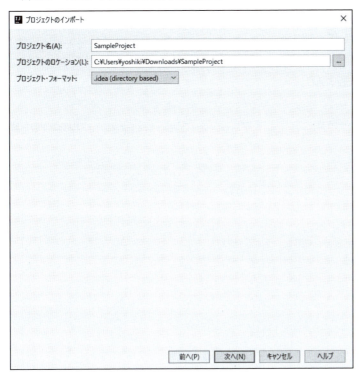

5　保存先に同名のプロジェクトが存在する場合は、「ファイルはすでに存在します」というダイアログボックスが表示されるので、上書きしてもよければ、「はい(Y)」ボタンをクリックして次へ進みます（図3.70）。

▼ 図3.70　「ファイルはすでに存在します」が表示される場合

> ONEPOINT
> 過去にインポートを行っていた場合などは、同じ名前のプロジェクトが保存先に存在する可能性があります。上書きしても問題ないか十分に注意して、作業を進めてください。

⑥ 次の画面では、追加するプロジェクトの保存先にチェックが付いていることを確認して、「次へ(N)」ボタンをクリックします（図3.71）。

⑦ 次の画面では、モジュールとして追加するプロジェクトに「ライブラリー」や「ライブラリー・コンテンツ」が含まれている場合の確認表示を行います。表示するものがなければ「次へ(N)」ボタンをクリックしてください（図3.72）。

▼ 図3.71　インポートするプロジェクトを選択する

▼ 図3.72　ライブラリーとライブラリー・コンテンツの一覧

⑧ 次の画面では、追加するモジュールがチェックされていることを確認して、「次へ(N)」ボタンをクリックします（図3.73）。

⑨ 「プロジェクトJDKを選択してください」の画面では、インポート先で利用するJDKを選択して「次へ(N)」ボタンをクリックします（図3.74）。

▼ 図3.73　追加するモジュールの確認

▼ 図3.74　プロジェクトに使用するJDKを選択する

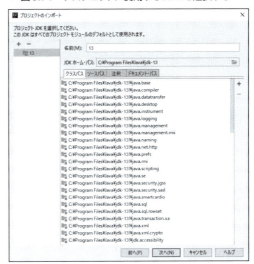

ONEPOINT

移行元と移行先のJDKが異なる場合もあるため、移行先でもプロジェクトが正常に動作するようにJDKを割り当てておきましょう。

⑩ 次の画面で「完了(F)」ボタンをクリックすると、「プロジェクト構造」ダイアログボックスの表示に戻るので、＜OK＞ボタンをクリックします。

　以上で、プロジェクトのインポートが完了しました。なお、プロジェクトの開発環境や各種ライブラリ、プログラムの保存先が移行前と変わらない場合は、P.121で先に取り上げた「プロジェクトの保存先を直接開いて行う方法」で、移行元のプロジェクトをUSBメモリなどにコピーして移行しても問題ありません。しかし、プロジェクトが外部の「ライブラリ」を参照していたり、内部構成が複雑な場合は、「プロジェクトのインポート」で、プロジェクトを移行することをお勧めします。

第**3**章　IntelliJ IDEA の基本機能を理解する

COLUMN　プロジェクトの種類について

　本章では、Java プロジェクトについては取り上げてきましたが、IntelliJ IDEA では他にも**表3.B**に示すようなプロジェクトを扱うことができます。

▼ 表3.B　プロジェクトの種類

分類	プロジェクトの種類	説明
Java モジュール		Java アプリケーション開発用プロジェクト
Maven		Java プロジェクトに Maven を追加したプロジェクト
Gradle		Java プロジェクトに Gradle を追加したプロジェクト
Java FX		GUI ベースの Java アプリケーション開発用プロジェクト
Android		Android アプリ開発用のプロジェクト
Scala（※1）	sbt	Scala プロジェクトに sbt を追加したプロジェクト（推奨）
	Lightbend Project Starter	用意されている Scala 用テンプレートをもとに Scala プロジェクを作成する
	IDEA	IntelliJ IDEA ベースの Sraca プロジェクト
Kotlin	Kotlin/JVM	Java の JVM 環境ベースの Kotlin プロジェクト
	Kotlin/JS	JavaScript ベースの Kotlin プロジェクト
	Kotlin/Native	Kotlin 開発用プロジェクト
	Kotlin(JS Client/JVM Server)	クライアントサーバシステムを構築するための Kotlin プロジェクト（クライアントサイドは JavaScript、サーバサイドは Java/JVM）
	Kotlin(Multiplatform Library)	複数の環境向けのアプリやライブラリ開発用の Kotlin プロジェクト（Java/JVM、JavaScript、Kotlin Native がベース）
	Kotlin(Mobile Android/iOS)	Android ／ iOS アプリ開発用の Kotlin プロジェクト
	Kotlin(Mobile Shared Library)	Android アプリ開発用の Kotlin プロジェクト
IntelliJ プラットフォーム・プラグイン		IntelliJ IDEA 用のプラグインを開発するためのプロジェクト
空のプロジェクト		上記に示すモジュールを使用しない空のプロジェクト。IntelliJ IDEA でフォルダやファイルを管理し自由にファイルを作成する場合に使用する

※1　「Scala」プラグインがインストールされ、有効になっている場合表示されます。

既存のプロジェクトをテンプレートとして利用する

　新規でシステム開発を行う場合、通常ならプロジェクトを一から作成しなくてはなりません。しかし、開発現場では同じ構造のソースプログラムを使うことも多いため、既存のプロジェクトをテンプレートとして保存すれば、ある程度必要なソースプログラムが揃っている状態から開発を始めることができます。

　ここでは、既存のプロジェクトをテンプレートとして、新たなプロジェクトを作成する手順をみていきましょう。まずは、**図3.75**のようにテンプレートとして保存したい既存のプロジェクト（ここでは、HelloWorld）を開いておきます。

▼ 図3.75　テンプレートにするプロジェクトを開く

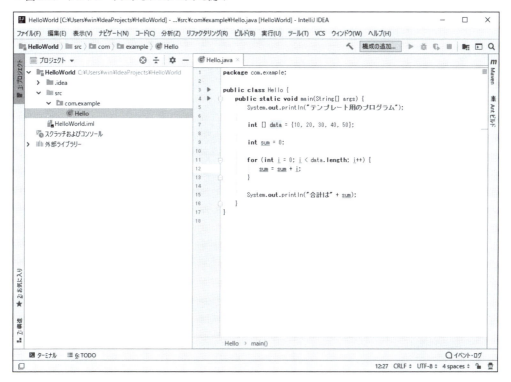

1　IntelliJ IDEAのメニューから「ツール(T)」→「テンプレートとしてプロジェクトを保存」をクリックします（**図3.76**）。

▼ 図3.76 「テンプレートとしてプロジェクトを保存」を選択する

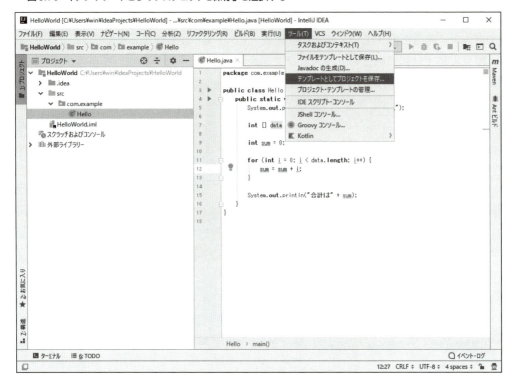

2 「テンプレートとしてプロジェクトを保存」ダイアログボックスが表示されるので、「名前」の欄に任意のテンプレート名（ここではHelloWorld）を入力して、「OK」ボタンをクリックします（**図3.77**）。

▼ 図3.77 テンプレート名を入力する

3　テンプレートの保存が完了すると、画面右下に「Template Created」というメッセージが表示されます（**図3.78**）。

▼ 図3.78　テンプレート保存後のメッセージ

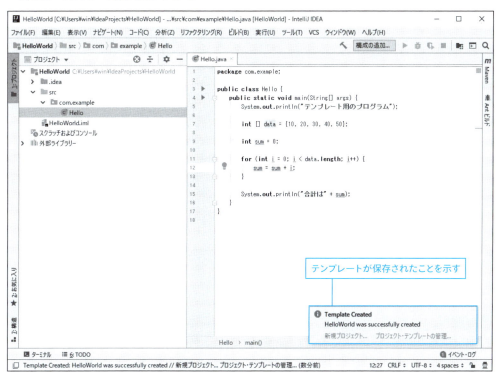

4　保存したテンプレートが利用できるかを確認するために、IntelliJ IDEAのメニューから「ファイル(F)」→「プロジェクトを閉じる(J)」をクリックし、開いていたプロジェクト（ここでは、HelloWorld）を一旦閉じます。「IntelliJ IDEA」の起動画面にあるメニューから、「新規プロジェクトの作成」をクリックします。

5　次に表示される「新規プロジェクト」では、「ユーザー定義」を選択します。先の手順で保存したテンプレート（ここでは、HelloWorld）が表示されていることを確認したら、テンプレートを選択して「次へ(N)」ボタンをクリックしてください（**図3.79**）。

▼ 図3.79　保存したテンプレートを選択する

> ONEPOINT
> ユーザー定義の項目は、テンプレートとして保存したプロジェクトが存在する場合のみ表示されます。

6　次のダイアログボックスでは、「プロジェクト名(A)」欄に任意のプロジェクト名を入力（ここではTemplateProject）して、「プロジェクトのロケーション(L)」欄では、プロジェクトの保存先を確認してください（**図3.80**）。

▼ 図3.80　プロジェクト名を入力する

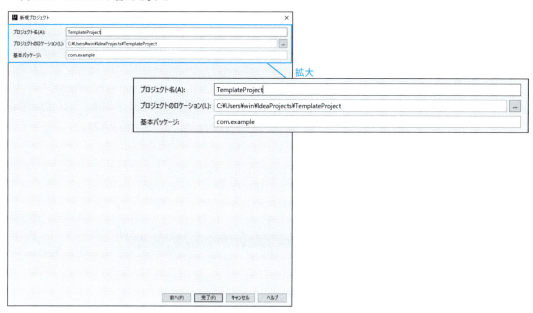

　図3.81に示すように、プロジェクト作成後は、テンプレートとして保存したソースプログラムが起動するため、テンプレートを元にしてプログラミングが行えます。

▼ 図3.81　テンプレートとして保存した時点のソースプログラムが表示される

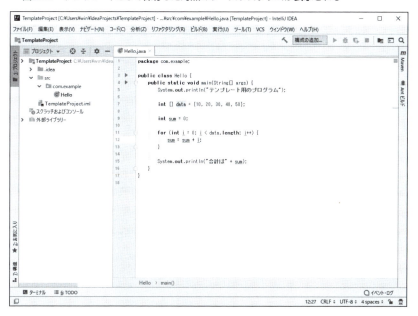

第3章　IntelliJ IDEAの基本機能を理解する

 ## Scalaプロジェクトを作成する

それでは、ここでScalaのプロジェクトを作成する手順も紹介しておきましょう。

1. 「IntelliJ IDEA」の起動画面にあるメニューから、「新規プロジェクトの作成」をクリックします。
2. 次に表示される「新規プロジェクト」では、左側のメニューから「Scala」を選択して、その後に表示された「IDEA」を選択したら、「次へ(N)」ボタンをクリックします（図3.82）。

▼図3.82　「Scala」と「IDEA」を選択する

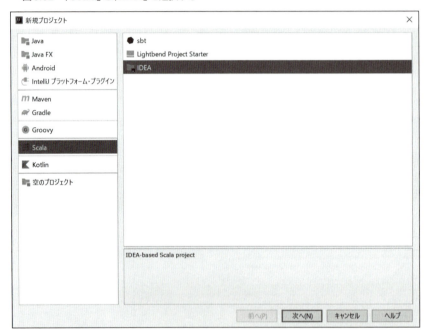

3. 次のダイアログボックスでは、「プロジェクト名(A)」欄に任意のプロジェクト名を入力（ここではScalaProject）して、「プロジェクトのロケーション(L)」欄では、プロジェクトの保存先を確認します。
4. 「プロジェクトSDK」欄では、JavaのSDK（Software Development Kit）であるJDKが選択されていることを確認します。
5. Scalaのプロジェクトを新規で作成する場合は、「Scala SDK」欄が[No library selectedという表記になっており、Scala SDKを設定する必要があるため、「作成...」ボタンをクリックしてください（図3.83）。

134

▼ 図3.83 プロジェクトの設定をする

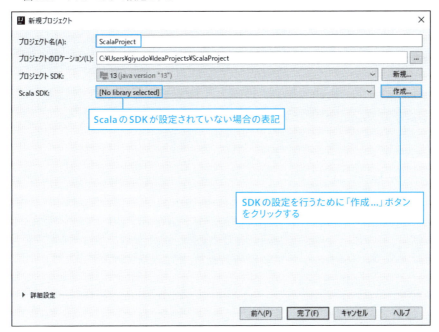

6 コンピュータにインストールされているScalaのバージョンが表示されるので、＜OK＞ボタンをクリックします（図3.84）。

▼ 図3.84 インストールされたScalaのバージョンを確認する

7 「Scala SDK」欄に手順6で表示されていたScalaのバージョンが設定されたことが確認できたら、「完了(F)」ボタンをクリックしてください（図3.85）。

▼ 図3.85　Scala SDK欄にScalaのバージョンが表記された例

これでScalaのプロジェクトが作成されます（図3.86）。

▼ 図3.86　Scalaのプロジェクト作成後の画面

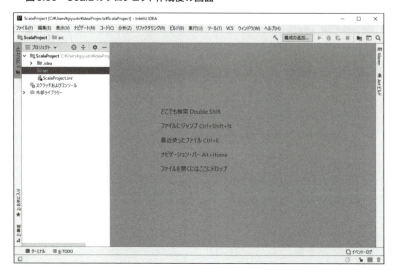

パッケージ／クラスを作成する

それでは、作成したプロジェクト内にScalaのプログラムを作成していきましょう。

1. プロジェクト欄のプロジェクトフォルダ（ここではScalaProject）内にある「src」フォルダを選択します。
2. IntelliJ IDEAのメニューから「ファイル(F)」→「新規(N)」→「パッケージ」をクリックします。
3. 「新規パッケージ」のダイアログボックスが表示されたら、パッケージ名（ここではcom.example）を入力して、「OK」ボタンをクリックします（図3.87）。

▼図3.87 「新規パッケージ」ダイアログボックス

4. 「src」フォルダの中に作成されたパッケージ（ここではcom.example）を選択してください（図3.88）。

▼図3.88 作成したパッケージを選択する

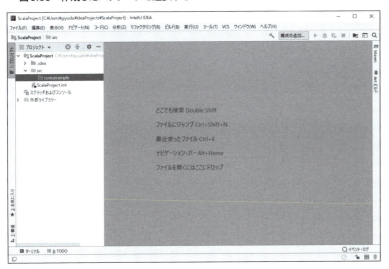

5. IntelliJ IDEAのメニューから、「ファイル(F)」→「新規」→「Javaクラス」をクリックします。
6. 「新規Scalaクラスの作成」のダイアログボックスが表示されたら、「名前」欄に任意のクラス名

（ここではHello）を入力し、「種類：」欄を「Object」に変更して、＜OK＞ボタンをクリックします（図3.89）。

▼ 図3.89 「新規Scalaクラスの作成」ダイアログボックス

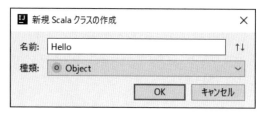

ONEPOINT

　Scalaのクラス名もJavaのクラスと同様に、「大文字で始まり、それ以降は小文字」「言葉の区切りは大文字にする」などといった「Pascal」記法と呼ばれる命名規則を適用することが一般的です。

　Scalaクラスを作成すると、ソースファイルが生成されます（図3.90）。

▼ 図3.90 Scalaクラスを作成してソースファイルが生成された例

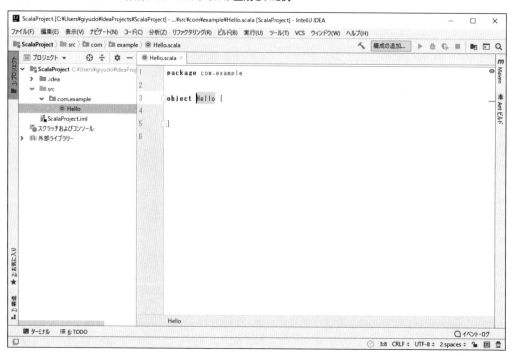

Scalaのプログラムを作成して実行するまでの手順

それでは、簡単なScalaのプログラムを作成して、実行するまでの手順を紹介していきましょう。

1. 図3.90で示したScalaのプログラムを記述し、IntelliJ IDEAのツールバーから「構成の追加」を選択してください（図3.91）。

▼ 図3.91　プログラムを追加して「構成の追加...」を選択する

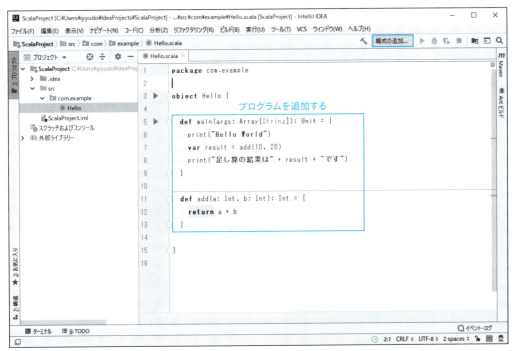

2. 「実行/デバッグ構成」ダイアログボックスの「+」ボタンをクリックして、「アプリケーション」を選択します（図3.92）。

▼ 図3.92　実行/デバッグ構成にアプリケーションを使用する

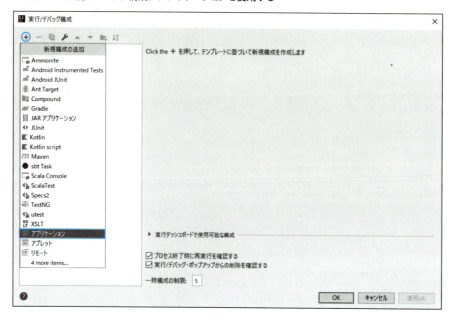

3　「名前(N)」は任意の名前(ここでは、Scala)を入力し、「メイン・クラス」欄の「...」ボタンをクリックします(図3.93)。

▼ 図3.93　メイン・クラスを設定する画面を開く

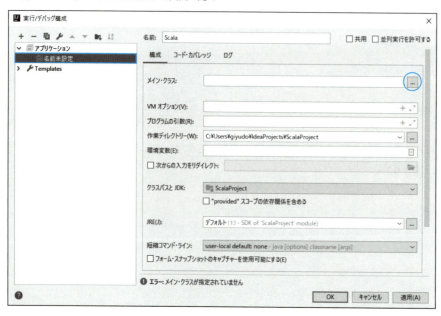

3-3 プロジェクトを作成する

4 「メイン・クラスの選択」ダイアログボックス内に表示されているクラス（ここではHello）を選択して、「OK」ボタンをクリックします（図3.94）。

▼ 図3.94　メイン・クラスとして実行させるクラスを選択する

> **ONEPOINT**
> メイン・クラスとは、Scalaプログラムで最初に実行されるクラスのことで、エントリーポイント（入口）とも呼ばれます。今回は、「メイン・クラスの選択」ダイアログボックスで選択したクラス（ここではHello）が最初に呼び出されて実行されます。

5 「メイン・クラス」欄に手順4で選択したクラス（ここではHello）が表示されているかを確認して、「OK」ボタンをクリックします（図3.95）。

▼ 図3.95　メイン・クラス欄を確認し、設定を完了する

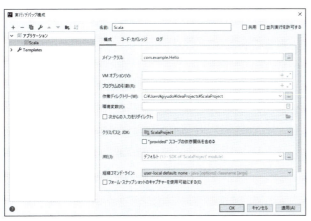

141

6 IntelliJ IDEAのメニューの実行アイコン▶をクリックします（**図3.96**）。

▼ 図3.96　Scalaプログラムを実行する

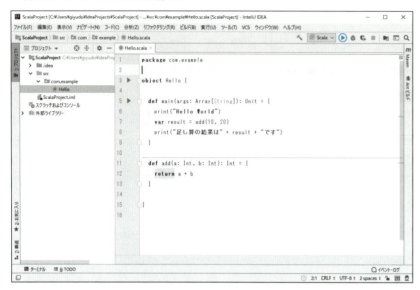

手順 4 の作業で指定したクラス（ここではHello）が実行され、その実行結果が**図3.97**で示したように、画面下部の「実行」ウィンドウに表示されます。

▼ 図3.97　Scalaクラスの実行結果が表示された例

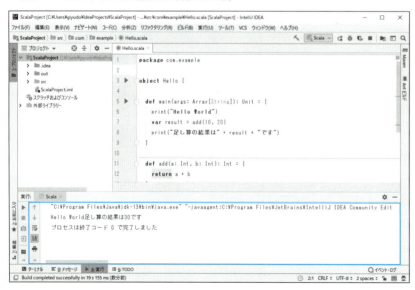

第 **4** 章

コーディング機能

第3章では、プロジェクトの基本的な作成手順について紹介しました。プロジェクトを準備した後は、実際にソースコードを編集してプロジェクトを完成させることになりますが、プログラミングにおいて重要な作業のひとつがコーディングです。

コーディング作業では、エディターが必要不可欠であり、エディターに備えられた様々な機能を活用し、コーディングに役立てることができます。

本章の内容

4-1　コード補完機能を使いこなす

4-2　エディターでマクロを使用する

4-3　スクラッチファイルを作成する

4-4　エディターのカスタマイズ

4-1 コード補完機能を使いこなす

効率よくプログラミングを行うには、エディターに搭載された各種機能が欠かせません。まずはじめに紹介するコード補完機能は、コーディング作業の時間を短縮できるほか、コーディングの誤りを防ぐ役割も果たしています。

 コード補完機能の使い方

エディターには、コードの入力途中で次の入力候補をリストから選択できる「コード補完」機能があります。コード補完では、例えば、コードの入力中に「.（ピリオド）」を入力すると、**図4.1**に示すような入力候補がリスト表示されます。

▼ 図4.1　コード補完による入力候補

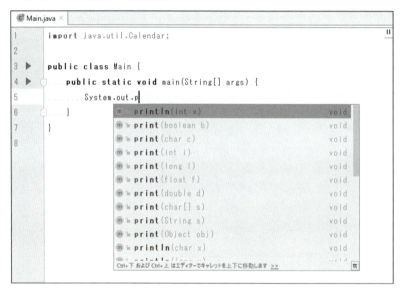

図4.1のように、入力途中の文字列に該当するクラスやメソッド、変数が候補として表示されるため、一覧表示された候補の中からコードとして入力したい項目を反転させて、Enterキーを押して候補を確定してください。

ちなみに、候補として表示される一覧は、Javaのクラスライブラリにあるオブジェクト以外に、自分で作成した変数やメソッドなども表示されます（**図4.2**）。

▼ 図4.2　自分で作成した変数やメソッドも表示される

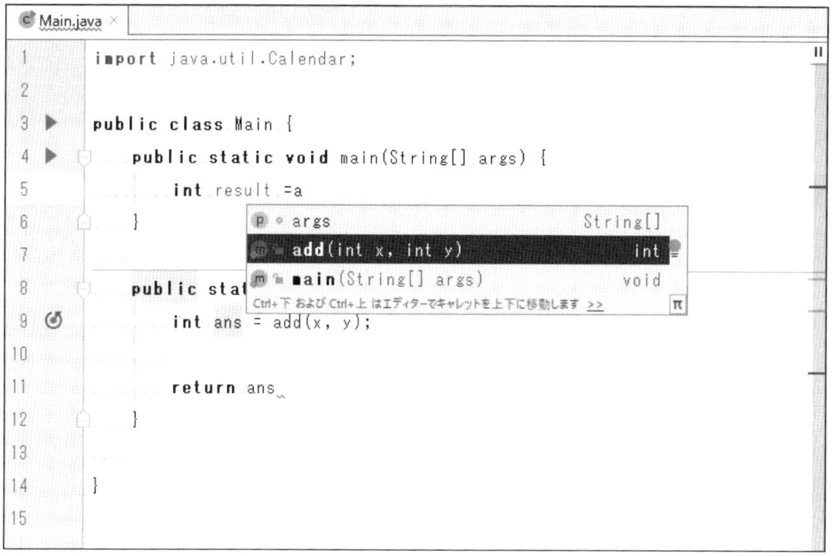

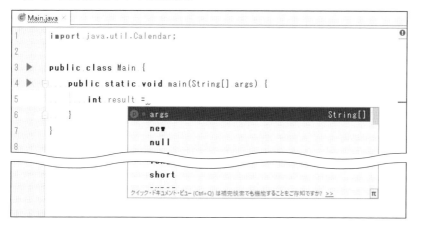

なお、コードとは、プログラミング言語で記述された文字列のことで、ソースプログラムと同じ意味です。ソースプログラムは、コードの他に「ソース」や「ソースコード」、「原始プログラム」などと表現されることもあります。また、ソースプログラム内の1行あたりのコードのことを「ステートメント」と呼びます。

コード補完では、コードを入力していないときでも、Ctrl + スペース を押すことで、入力カーソルの箇所の入力予測をし、候補を一覧表示させることができます。図4.3 は Ctrl + スペース を押し、候補を表示させた例です。

▼ 図4.3　Ctrl と スペース でコード補完を行う

コード補完機能は、プログラムの作成に必要とされる文字列をすべてキーボードで入力することなく、一覧から適切な変数やメソッドを選択できるという大変便利な機能です。

なお、このようなコード補完を「基本補完」と呼んでいます。IntelliJ IDEAでは、基本補完の他に、「スマート補完」や「ステートメント補完」などといった、コード補完の機能を備えています。

 ## スマート補完

スマート補完は、コード補完による入力候補の一覧をさらに絞り込んで表示してくれる機能です。スマート補完は、「代入式」や「メソッドの戻り値」などの入力途中で使用することができ、コード上のクラス型を自動で判定し、クラス型に適したもののみを候補として表示してくれます。スマート補完を活用すれば、自分が入力したいコードを候補の中からいち早く見つけられます。また、クラス型に対応するコードのみが候補であるため、補完処理後にエラーが発生する可能性も少なくて済みます。

スマート補完を使うことで、**表4.1**に示すようなコードの実装が簡単に行なえます。

▼ 表4.1　スマート補完によるコードの実装

スマート補完によるコードの実装	説明
代入文の右側の値	左辺の型と一致する変数とメソッドの候補のみを表示
return文の戻り値	メソッドに定義した戻り値の型と一致する変数とメソッドが候補のみを表示
メソッド呼び出し時の引数	メソッドに定義した引数の型と一致する変数とメソッドが候補のみを表示
オブジェクト宣言時のnewキーワードの右側	左辺の型と一致する変数とメソッドの候補のみを表示

それでは、基本補完とスマート補完の違いについて確認してみましょう。今回はJavaのクラスライブラリのCalendarクラスを例にします。

代入式の左辺にCalendar型の変数を定義した状態で、右辺にnew宣言を含むコードの入力を行なった場合、基本補完ではCalendarクラスと無関係な候補も一覧に表示されます（**図4.4**）。

▼ 図4.4　基本補完による候補の一覧

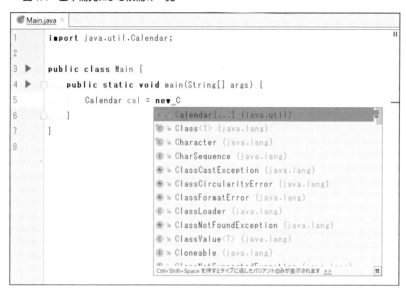

スマート補完を利用する場合は、入力中のコードに対して Ctrl + Shift + スペース を押します。今回の場合、左辺に宣言したCalendar型に対応するクラスのみが絞り込まれ、候補として一覧表示されます（**図4.5**）。

▼ 図4.5　スマート補完によって表示されるクラスの候補の一覧

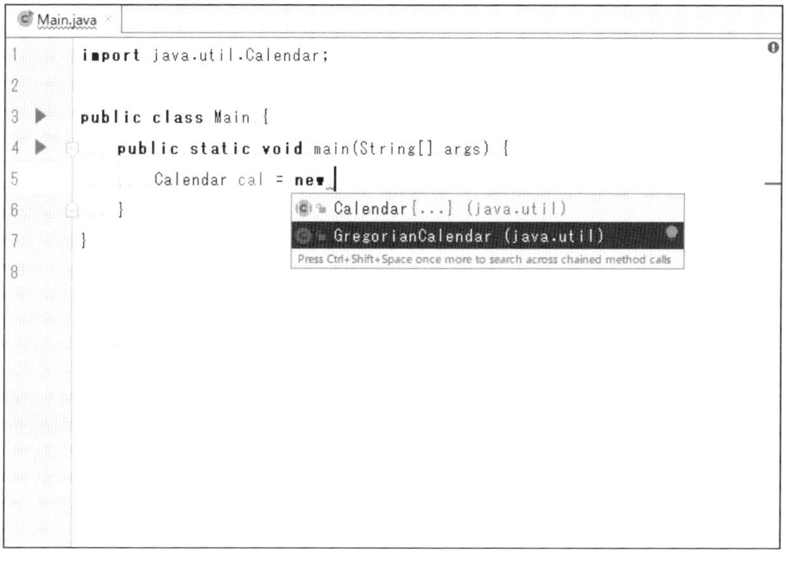

今度はメソッドの戻り値の入力をスマート補完で試してみます。returnキーワードを入力し、戻り値の箇所で Ctrl + Shift + スペース を押します。すると、メソッドで定義している戻り値の型に対応する候補が一覧表示されます（**図4.6**）。

▼ 図4.6　スマート補完によって表示される戻り値の候補の一覧

このように、基本補完では、関連性のない候補の一覧も含めて該当するものが表示されてしまいますが、スマート補完を活用することで、目的のコードを簡単に入力することができます。

 ## ステートメント補完

ステートメント補完は、未完成の構文に対して、構文に必要な要素（ブロック、セミコロンなど）を判別して、自動で挿入してくれる機能です。入力カーソル付近のコードに対し、適切な要素を自動的に記述することができます。

ステートメント補完を使うことで、**表4.2**に示すようなコードの実装を簡単に行なえます。

▼ 表4.2　ステートメント補完によるコードの実装

ステートメント補完によるコードの実装	説明
メソッド宣言を補完する	左辺の型と一致する変数とメソッドの候補のみを表示
構文を補完する	メソッドに定義した戻り値の型と一致する変数とメソッメソッドの呼び出しの引数としてラップする

4-1　コード補完機能を使いこなす

　それでは、ステートメント補完の例をみていきましょう。例えば、コード上にif文を記述する時、構文を完成させるにはブロック（波括弧）が必要となります（**図4.7**）。

▼ **図4.7　ブロックが記述されていない未完成な構文**

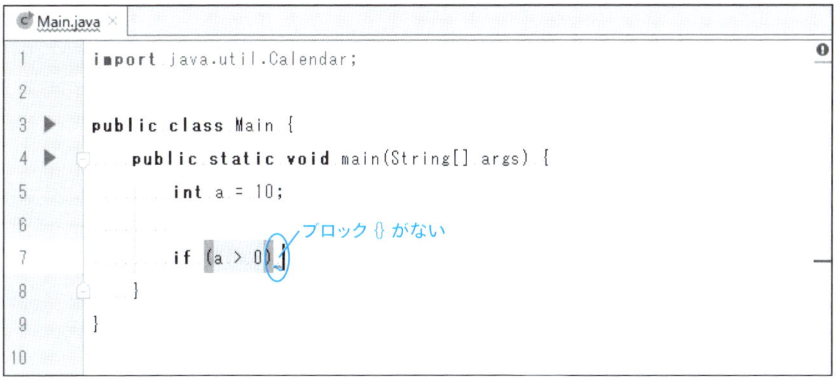

```
  Main.java
1    import java.util.Calendar;
2
3  ▶ public class Main {
4  ▶     public static void main(String[] args) {
5            int a = 10;
6                          ブロック {} がない
7            if (a > 0) {
8        }
9    }
10
```

　図4.7で示したif文を記述した行に入力カーソルがある状態で、Ctrl + Shift + Enter を押します。すると、**図4.8**のようにステートメント補完の機能が働き、自動的にブロックを挿入し、ブロック内に入力カーソルが移動されます。

▼ **図4.8　ステートメント補完によって構文のブロックが自動で挿入される**

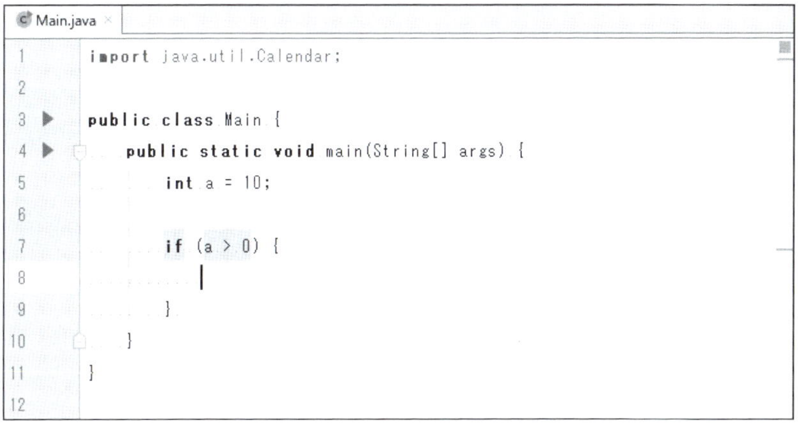

```
  Main.java
1    import java.util.Calendar;
2
3  ▶ public class Main {
4  ▶     public static void main(String[] args) {
5            int a = 10;
6
7            if (a > 0) {
8                |
9        }
10       }
11   }
12
```

　今回はif文を例にブロックを自動挿入できることを確認しましたが、クラスやメソッドに対してもブロックの自動挿入が行なえます。

　次の例は、末尾にセミコロンを自動で挿入するケースです。

　Javaプログラミングの場合、構文を完成させるには「;（セミコロン）」の記述が必要になります

149

が、該当行の末尾まで入力カーソルを移動させてセミコロンを入力するのは面倒なこともあります（図4.9）。

▼ 図4.9　入力カーソルが構文の末尾にない場合

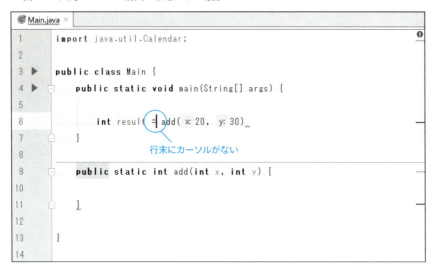

このようなケースでは、構文を記述した行内に入力カーソルがある状態で、先の作業と同様に、Ctrl + Shift + スペース を押してください。すると、セミコロンが自動で末尾に挿入されます（図4.10）。

▼ 図4.10　スマート補完によって構文の末尾にセミコロンが自動で挿入される

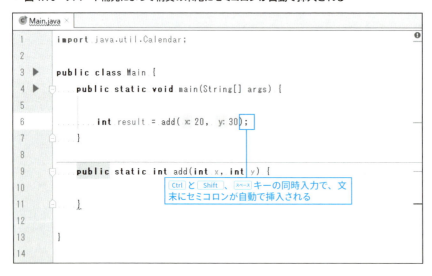

メインメソッドの自動定義

次は、Javaクラス内に自動的にメインメソッドを記述する方法について紹介します。

IntelliJ IDEAで新規にJavaクラスを作成した場合、**図4.11**のように、クラスの構文のみが定義されている状態から始まります。

▼ 図4.11 新規Javaクラスのデフォルトの記述内容

クラス内にメインメソッドを定義したい場合、「public static void main …」というようにメインメソッドの記述を入力する必要がありますが、すべてを入力せずにメインメソッドを簡単に定義できる方法があります。**図4.12**のようにJavaクラス内で「psvm」と入力し Enter キーを押してみましょう。

▼ 図4.12 Javaクラス内にpsvmと入力する

すると、メインメソッドが「psvm」の記述行に自動的に定義され、メインメソッドを簡単に定義することができます（**図4.13**）。

▼ 図4.13 メインメソッドの定義が自動生成された

```
public class Main {

    public static void main(String[] args) {
        
    }
}
```

psvmは、「public static void main」のメインメソッドで記述する英単語の頭文字の4文字分をとった文字列です。この他にも**表4.3**に挙げる略称によって、対応するコードを自動定義することができます。

▼ 表4.3 略称の入力により自動定義できる例

入力する略称	自動定義されるコード	説明
psf	public static final	静的な定数
prsf	private static final	静的な定数<private>
psfi	public static final int	整数 (int) 型の静的な定数
const	private static final int	整数 (int) 型の静的な定数<private>
psfs	public static final String	文字列 (String) 型の静的な定数

geti	public static 型 getInstance() {
	　　　return 値;
	}
		デザインパターンSingletonのインスタンス取得用のメソッド

noInstance	private 型() { }	privateなコンストラクタ
logt	private static final String TAG = ""	Logデバッグ用の定数
sbc	（省略）	ブロックコメント
todo	（省略）	TODOコメント

 Javaクラスの自動インポート

次にソースコード上に入力したJavaクラスに対してimport文を自動で追加する方法について紹介しましょう。入力しているJavaクラスをクリックすると、青い吹き出しが表示されます（**図4.14**）。

4-1 コード補完機能を使いこなす

▼ 図4.14 青い吹き出しが表示される

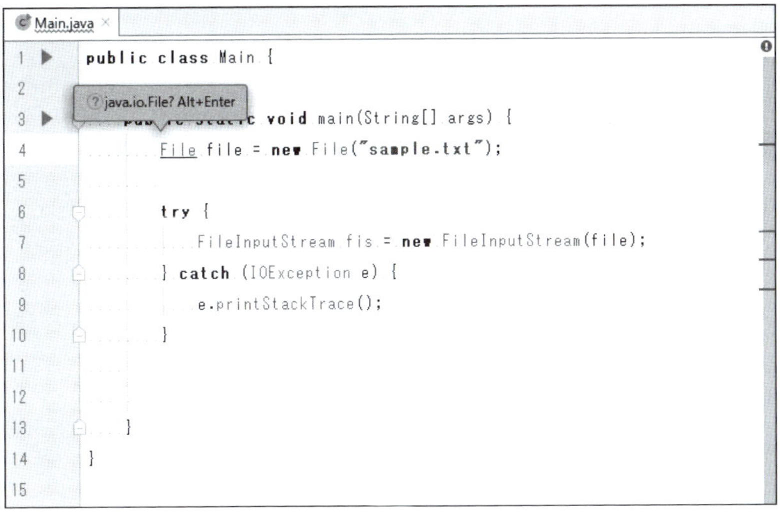

```java
public class Main {

    java.io.File? Alt+Enter
    public static void main(String[] args) {
        File file = new File("sample.txt");

        try {
            FileInputStream fis = new FileInputStream(file);
        } catch (IOException e) {
            e.printStackTrace();
        }

    }
}
```

図4.14の状態で、[Alt]+[Enter]を押すと、該当するJavaクラスに対応したimport文が自動的に挿入されます（図4.15）。

▼ 図4.15 [Alt]+[Enter]によってJavaクラスのimport文が自動挿入される

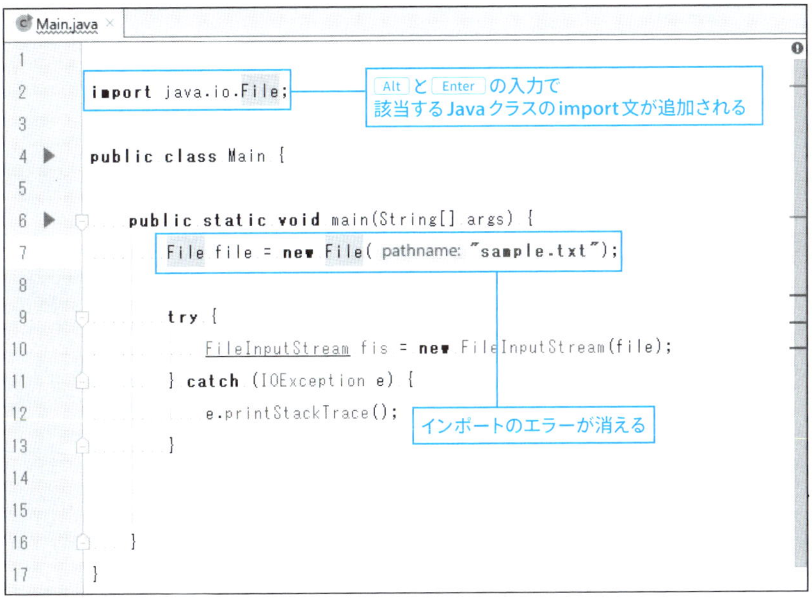

```java
import java.io.File;        // [Alt]と[Enter]の入力で
                            // 該当するJavaクラスのimport文が追加される
public class Main {

    public static void main(String[] args) {
        File file = new File( pathname: "sample.txt");

        try {
            FileInputStream fis = new FileInputStream(file);
        } catch (IOException e) {        // インポートのエラーが消える
            e.printStackTrace();
        }


    }
}
```

153

第4章　コーディング機能

ファイル内のJavaクラスをすべて自動インポートする

　Alt + Enter による自動インポートはひとつひとつ作業をしなくてはならないため、ソースコード上にインポートの必要なJavaクラスが多い時は手間がかかります。次は、ソースコード上のJavaクラスすべてに対して自動インポートさせる方法を紹介しましょう。

1. IntelliJ IDEAのメニューから「ファイル(F)」→「設定(T)...」を開くか、Ctrl + Alt + S キーを押下して、「設定」ダイアログボックスを表示させます。
2. 「設定」ダイアログボックスの左側メニューより「エディター」→「一般」→「自動インポート」を選択します（図4.16）。

▼ 図4.16　ソースコード上のJavaクラスをすべてインポートする設定

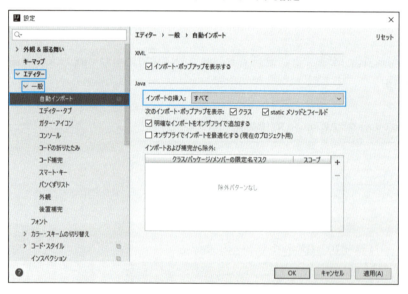

3. 「自動インポート」の画面では、次の設定を行い、＜OK＞ボタンをクリックしてください。

- 「インポートの挿入」を「すべて」に変更する
- 「明確なインポートをオンザフライで追加する」のチェックを入れる

　上記設定が完了すると、図4.17のように、IntelliJ IDEAが自動判別を行ない、ソースコード上でインポートが必要なクラスに対するimport文がリアルタイムに自動で挿入されるようになります。

▼ 図4.17　ソースコード上のJavaクラスすべてのimport文が自動挿入される

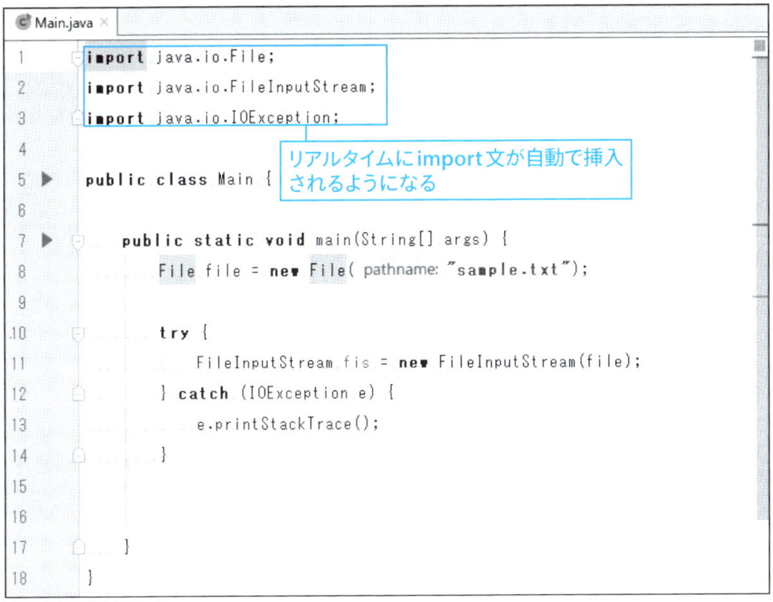

4-2　エディターでマクロを使用する

マクロは、プログラムの作成中に頻繁に繰り返す作業を自動化するための便利な機能です。手間のかかる操作をマクロとして登録しておけば、繰り返し自動実行することができます。

マクロを記録する

　マクロを利用するには、まずは「マクロの記録」という作業を行う必要があります。マクロの記録では、開発者が実際にIntelliJ IDEAの画面内で行なった、マウスやキーボード入力の操作が順番に記録され、マクロとして保存されます。また、保存したマクロを再生すれば、記録された操作を順番に自動実行することができます。
　まずは、マクロの動作を確認するために、マクロの記録を行ないましょう。今回は例として入力に手間のかかるコードをマクロとして登録する手順を紹介します。

1　IntelliJ IDEAのメニューから「編集(E)」→「マクロ(M)」→「マクロの記録を開始(M)」を選択します（図4.18）。

第4章 コーディング機能

▼ 図4.18　マクロの記録を開始する

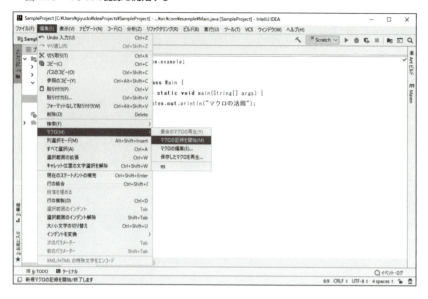

[2] マクロの記録が開始されると、IntelliJ IDEAの画面右下に「Macro recording started.」という緑色の吹き出しが表示されます（**図4.19**）。

▼ 図4.19　マクロの記録を開始すると吹き出しが表示される

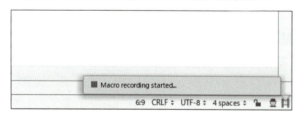

> **ONEPOINT**
> 吹き出しが表示されている間は、IntelliJ IDEAで行なった操作がマクロとして記録されます。

[3] エディターで開いているソースコード内に、入力に手間のかかるコードを追加し、入力を終えたら、吹き出しの中の「赤い停止マーク」をクリックします（**図4.20**）。

▼ 図4.20 マクロにするコードを入力して、マクロを停止する

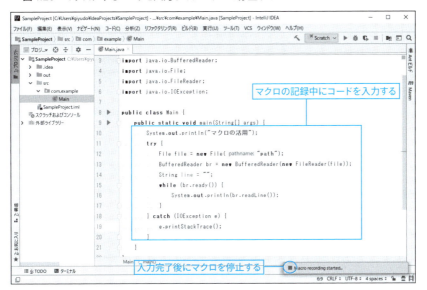

ONEPOINT

図4.20の例では、Javaプログラムで外部ファイルを読み込み、ファイル記述された内容を表示するという一連の処理を入力しています。

4 マクロの記録を停止すると、図4.21のように「マクロ名を入力してください」ダイアログボックスが表示されるので、入力欄にマクロ名（ここでは「ファイルの読み込みコード」）を入力し、＜OK＞ボタンをクリックします（図4.21）。

▼ 図4.21 マクロ名を入力して記録を完了する

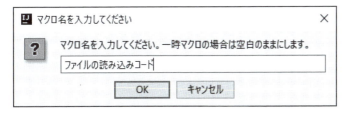

これで、マクロの記録が完了しました。

第4章 コーディング機能

> **COLUMN** **マクロの記録は慎重に**
>
> マクロの記録中は、「入力カーソルを移動した」「マウスでクリックした」などといった操作の履歴が順番に事細かに登録されます。タイピングミスをしたり、入力した文字を削除したりすると、上から順番にコードの入力をせずに、入力順序がばらばらになってしまうと、記録したマクロが意図した通りに再生されないこともあります。
>
> 保存したマクロは、多少の修正なら、後述する「マクロの編集」という機能を使うことで対応することができますが、マクロを記録する場合は、慎重に行うよう心掛けましょう。

マクロを再生する

次に、先の手順で記録したマクロを再生してみます。マクロを再生すると、記録した操作履歴が順番に呼び出され、動画を再生されているような動きで、キーボード入力やマウス操作などが行われていきます。

1. IntelliJ IDEAのメニューから「編集(E)」→「マクロ(M)」→「保存したマクロを再生」を選択します（図4.22）。

▼ 図4.22 保存したマクロを再生する

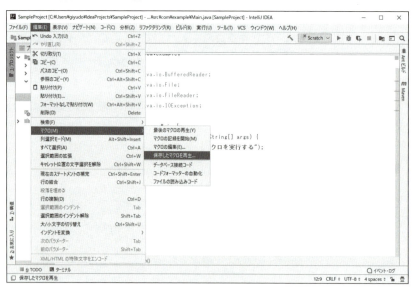

2. エディター内に「保存したマクロを再生」という小さなウィンドウが表示され、保存されているマクロが一覧表示されるため、再生したいマクロ（ここでは「ファイルの読み込みコード」）を選

択します（図**4.23**）。

▼ 図4.23　保存したマクロの一覧が表示される

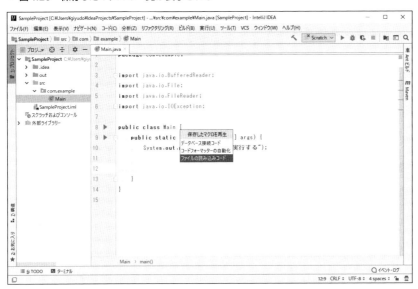

マクロの再生が行なわれると、P.155でマクロの記録中に入力したコードが順番に自動入力されていきます（図**4.24**）。

▼ 図4.24　マクロの再生によるコードの自動入力

単純なコードの貼り付けとは違い、マクロに記録された操作からキーボード入力を順番に行うため、動画を再生しているような挙動で処理が行われます。

今回はエディター内でコードを自動入力するというマクロの作成を行ないましたが、IntelliJ IDEAに備わった各種機能を実行する操作もマクロとして記録することができます。工夫次第で様々な作業を自動化できますので、マクロを作りこんで業務の効率化につなげていきましょう。

> **ONEPOINT**
>
> マクロの再生中に、キーボードやマウス操作を行うと、マクロの自動処理と重なってしまい、意図しない操作が行われてしまうことがあります。マクロによる自動処理が完了するまでは、何も操作を行なわないようにしましょう。

マクロを編集する

次に、保存されたマクロの編集について紹介しておきましょう。余分な操作が記録されていると、マクロの再生時に意図しない結果になってしまうことがあります。マクロは細かな単位で記録されているため、そのような場合は、不要な部分を削除することが可能です。

1. マクロを編集するには、IntelliJ IDEAのメインメニューから「編集(E)」→「マクロ(M)」→「マクロの編集(E)」を選択します（**図4.25**）。

▼ 図4.25　マクロの編集

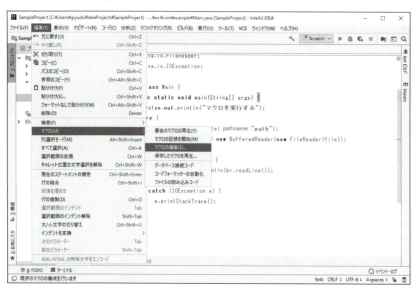

2 「マクロの編集」画面が起動して、IntelliJ IDEAで登録されているマクロの一覧が表示されます（図4.26）。

▼ 図4.26 「マクロの編集...」ダイアログボックス

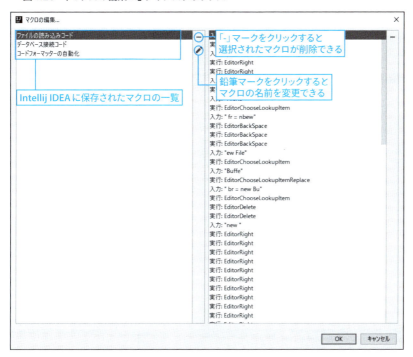

3 編集を行ないたいマクロ（ここでは「ファイルの読み込みコード」）を選択すると、右欄に該当のマクロを構成する操作（アクション）が一覧表示されます（図4.27）。

▼ 図4.27 マクロに記録された操作の一覧を確認する

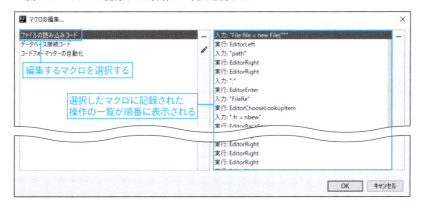

図4.27を見るとわかるように、マクロは細かなアクション単位で記録されています。マクロ再生時に意図しない操作が行われる場合は、原因となるアクションを特定し削除してください。なお、アクションを削除するには、削除したいアクションを選択し、「-」マークをクリックします（**図4.28**）。
　編集を終える場合は、ダイアログボックス右下の＜OK＞ボタンをクリックしましょう。

▼ 図4.28　マクロに記録されたアクションを削除する

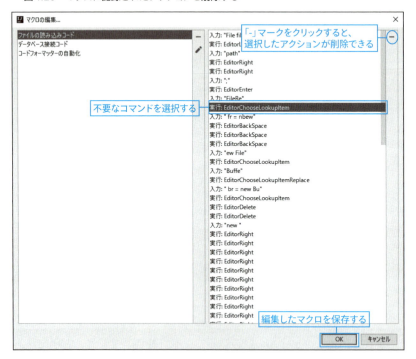

ONEPOINT
マクロの編集では、アクションの削除を行なえますが、追加や編集はできません。マクロの記録時に根本的な操作誤りをしている場合は、最初から作成し直す必要があります。

マクロのアクションについて

　前述のように、マクロのアクションには「実行」と「入力」の2種類があります。「実行」はIntelliJ IDEAにある機能の実行や、コピーや貼り付けなどの操作を表し、「入力」はキーボードによる文字列の入力操作を表しています。
　表4.4に、基本的なアクションとその意味についてまとめています。主にエディターでの操作

を表すアクションをあげていますが、IntelliJ IDEAで行なえる操作や機能には、それぞれアクション名が設定されており、利用できるアクションの種類は多岐にわたります。

▼ 表4.4　基本的なアクション

アクション名	説明
実行：EditorUp	エディターの入力カーソルを1つ上に移動する
実行：EditorRight	エディターの入力カーソルを1つ右に移動する
実行：EditorDown	エディターの入力カーソルを1つ下に移動する
実行：EditorLeft	エディターの入力カーソルを1つ左に移動する
実行：EditorEnter	エディター内で Enter キーが入力された
実行：EditorBackSpace	エディター内で Back space キーが入力された
実行：EditorDelete	エディター内で Delete キーが入力された
実行：EditorCut	エディター内で切り取り操作が行われた
実行：EditorCopy	エディター内でコピー操作が行われた
実行：EditorPaste	エディター内で貼り付け操作が行われた
入力："文字列"	"文字列"をキーボード入力する

163

第4章 コーディング機能

> **COLUMN** **マクロが保存されているファイルの場所**
>
> IntelliJ IDEAで登録したマクロは、以下の場所にファイルとして格納されています。
>
> C:¥ユーザ名¥.IdeaIC2019.2¥config¥options¥macros.xml
>
> 「マクロの編集」ではコマンドの削除しか行なえませんでしたが、macros.xmlファイルに記載されている内容は編集可能です（**リスト4.A**）。

▼ リスト4.A　macros.xmlの内容

```
<application>
  <component name="ActionMacroManager">
    <macro name="ファイルの読み込みコード">
      <typing text-keycode="70:1;73:0;76:0;69:0;32:0;70:0;73:0;76:0;69:0;32:0;45:1;32:0;7
8:0;69:0;87:0;32:0;70:1;73:0;76:0;69:0;56:1;50:1;50:1">File&amp;#x20;file&amp;#x20;=&amp;
#x20;new&amp;#x20;File(&quot;&quot;</typing>
      <action id="EditorLeft" />
      <typing text-keycode="80:0;65:0;84:0;72:0">path</typing>
      <action id="EditorRight" />
      <action id="EditorRight" />
      <typing text-keycode="59:0">;</typing>
      <action id="EditorEnter" />
      <typing text-keycode="70:1;73:0;76:0;69:0;82:1;69:0">FileRe</typing>
          :
        （中略）
          :
      <action id="EditorRight" />
      <typing text-keycode="32:0;91:1">&amp;#x20;{</typing>
      <action id="EditorEnter" />
      <typing text-keycode="69:0;46:0;80:0">e.p</typing>
      <action id="EditorChooseLookupItemReplace" />
    </macro>
    <macro name="データベース接続コード" />
    <macro name="コードフォーマッターの自動化" />
  </component>
</application>
```

164

マクロをショートカットキーに割り当てる

　保存したマクロは、IntelliJ IDEAの設定でショートカットキーに割り当てて、実行することが可能です。以下に、ショートカットキーへの割り当て手順についてあげておきましょう。

1　IntelliJ IDEAのメニューから「ファイル(F)」→「設定(T)」を選択し、「設定画面」の左側にあるメニューから「キーマップ」を選択し、一覧にある「マクロ」項目をクリックして展開します（**図4.29**）。

▼ 図 4.29　設定画面からキーマップを選択する

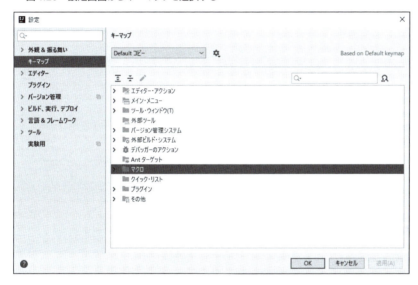

2　「マクロ」の項目内に、保存されているマクロが一覧表示されるので、ショートカットキーとして設定したいマクロ（ここでは「ファイルの読み込みコード」）をダブルクリックして、表示される「ショートカットの編集」の中から「キーボード・ショートカットの追加」を選択します（**図4.30**）。

▼ 図4.30 「ショートカットの編集」メニューを表示させた例

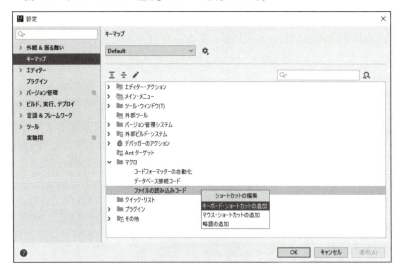

┌─ ONEPOINT ───┐
│ 設定したいマクロを選択後、[Enter]キーを押しても「ショートカットの編集」メニューを表示させる │
│ ことができます。   │
└──┘

③ 「キーボード・ショートカットの入力」ダイアログボックスが表示されたら、「ファイルの読み込みコード」欄に、任意のキー（ここでは[Alt]＋[F]キーを登録）を登録します（図4.31）。ショートカットキーが入力できたら、＜OK＞ボタンをクリックして登録します。

▼ 図4.31 「キーボード・ショートカットの入力」ダイアログボックス

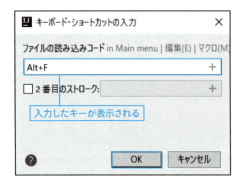

入力したキーが、他のショートカットキーと重複する場合は、「すでに割り当て済み」という

166

警告メッセージが表示されます（**図4.32**）。

▼ 4.32 他のショートカットキーと重複した場合の警告メッセージ

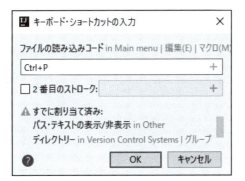

ショートカットキーの設定後は、「設定」ダイアログボックスに戻り、「キーマップ」でマクロに割り当てられたショートカットキーが表示されていることが確認できます（**図4.33**）。設定に問題がなければ、＜OK＞ボタンをクリックして確定してください。

▼ 図4.33 マクロにショートカットキーが割り当てられた

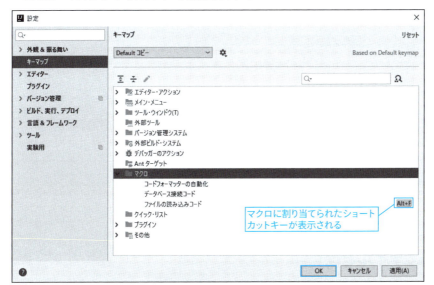

167

> **COLUMN**　マクロに割り当てたショートカットキーを解除する場合

マクロに割り当てたショートカットキーを解除するには、「設定」ダイアログボックスの「キーマップ」で表示されている該当のマクロをダブルクリックして、表示される「ショートカットの編集」の中から該当するショートカットキー（ここでは「Alt+Fの除去」）を選択してください（**図4.A**）。

▼ 図4.A　マクロに割り当てたショートカットキーを解除する

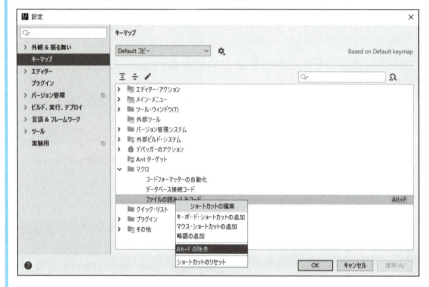

4-3　スクラッチファイルを作成する

「ウェブサイトなどで公開されているサンプルコードを動かしてみたい」などといったこともあります。そのようなときには、スクラッチファイルを作成してみましょう。

 ### スクラッチファイルとは

下書きのつもりでプログラムを作成したり、書籍やウェブサイトなどで公開されているサンプルコードを使用したりすることがあると思います。それらのプログラムの動作確認をするときにはスクラッチファイルが役に立ちます。

以下にスクラッチファイルを作成するメリットを挙げておきます。

- プロジェクトやモジュールなどの本番用のソースコードと分離して管理できる
- 本番用のソースコードをスクラッチファイル内で呼び出して連結して処理ができる
- プログラミング言語、ファイル形式の種類問わず、ひとつのフォルダにまとめて保存できる

　IntelliJ IDEAのプロジェクトを見てみると、「プロジェクト」ウィンドウ内のツリーに「スクラッチおよびコンソール」の項目があります（**図4.34**）。

▼ 図4.34　スクラッチおよびコンソール

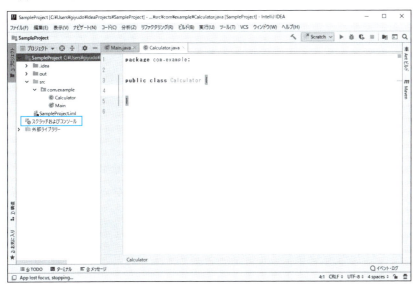

Java用のスクラッチファイルを作成／実行する

　それでは、Java用のスクラッチファイルの作成手順について紹介しておきます。

Java用のスクラッチファイルを作成する

1. 「プロジェクト」ウィンドウ内の「スクラッチおよびコンソール」を右クリックし、メニューから「新規(N)」→「スクラッチ・ファイル」を選択します（**図4.35**）。

169

▼ 図4.35 スクラッチ・ファイルを選択する

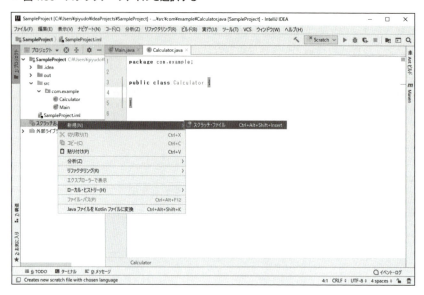

2. 「新規スクラッチ・ファイル」の項目が表示されるので、「Java」を選択します（図4.36）。
3. 「プロジェクト」ウィンドウ内の「スクラッチおよびコンソール」に「Scratches」フォルダが生成され、その中に「scratch.java」というファイルが作られます（図4.37）。

▼ 図4.36 Java用のスクラッチ・ファイルを作成する

▼ 図4.37　スクラッチ・ファイルが作成された

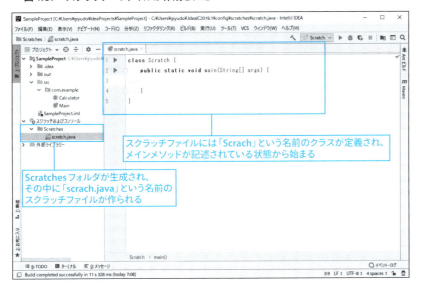

　Java用のスクラッチファイルを作成した場合は、ファイル内のクラス名は「Scratch」で定義され、クラス内にはメインメソッドが生成されています。なお、2つ以上のスクラッチ・ファイルを作成すると、「scratch_1.java」「scratch_2.java」「scratch_3.java」という命名規則でファイルが自動生成されます。

　また、スクラッチファイルは、作成したプロジェクトの中に保管されず、以下の場所に保存されます。

保存先：　C:¥ユーザ名¥.IdealC2019.2¥config¥scratches
※WindowsでCドライブを指定している場合

　スクラッチ・ファイルは、プロジェクト内にファイルを保存しないというだけで、基本的に普通のJavaクラスと同じ扱いです。それでは、作成したスクラッチファイルに**リスト4.1**のJavaのコードを入力してみましょう（**図4.38**）。

▼ リスト4.1　サンプルとして入力するJavaコード

```java
class Scratch {
    public static void main(String[] args) {
        System.out.println("Java用のスクラッチファイルを作成");
    }
}
```

▼ 図4.38　スクラッチファイルにJavaのコードを入力する

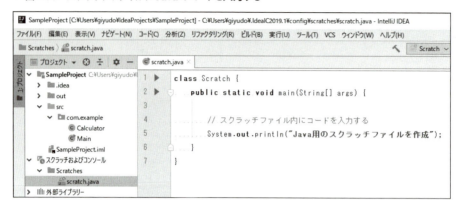

Javaのスクラッチファイルを実行する

作成したスクラッチファイルを実行するには、「プロジェクト」ウィンドウ内に表示されているスクラッチファイル（例としてscratch.java）を右クリックし、「実行(U) 'Scrache.main()'」を選択してください（**図4.39**）。

通常のJavaクラスと同じように実行結果を表示することができます。

▼ 図4.39　スクラッチファイルを実行する

スクラッチファイルのソースコード上では、モジュールに作成した本番用のJavaクラスなどを呼び出して動作させることができます。したがって、本番用のプログラムに実装しようと思っているコードを事前に作成し、実装する前にどのような動作をするかを確認しておくことができます。

今回は、モジュール（例ではSampleProject）のcom.exampleパッケージ内に作成済みのCalculatorクラスを呼び出す例を紹介しておきます。

まずは、スクラッチファイル内に以下のようなCalculatorクラスを呼び出すコードを入力します（**図4.40**）。

▼ 図4.40　モジュール内のJavaクラスを使う

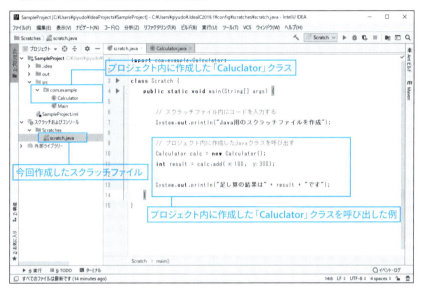

コードの入力が完了したら、**図4.39**を参考に、再度スクラッチファイルを実行してください。すると、正常に実行できずに以下のようなエラーメッセージが表示されます（**図4.41**）。

第4章 コーディング機能

▼ 図4.41 モジュール内のJavaクラスが呼び出せない

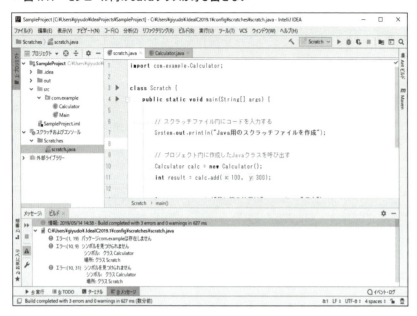

図**4.41**のエラーメッセージには、

- 「パッケージcom.exampleは存在しません」
- 「シンボルを見つけられません シンボル：クラスCalculator」

などといったCalculatorクラスの呼び出しに関するエラーが発生しています。

前述のように、スクラッチファイルはプロジェクト内のクラスとは独立して保存されているため、プログラム実行時には、Calculatorクラスの保存先がわからず、このようなエラーが発生してしまいます。

スクラッチファイルの実行構成を編集する

エラーを解決するには、以下の手順で、スクラッチファイルの実行構成にCalculatorクラスが存在するモジュールを読み込ませましょう。

1. IntelliJ IDEAの画面右上に表示されている「Scratch」部分のリストから「構成の編集(R)」を選択します（**図4.42**）。

▼ 図4.42 スクラッチファイルの実行構成を開く

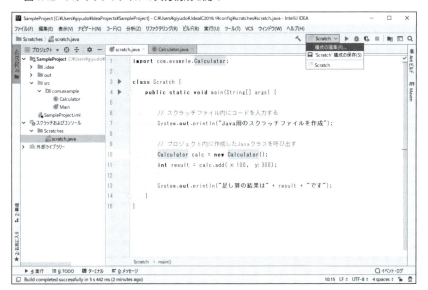

2 「実行/デバッグ構成」画面が表示されたら、「クラスパスとJDK」欄が「<no module>」になっていることを確認します（図4.43）。

▼ 図4.43 「クラスパスとJDK」が「<no module>」になっている

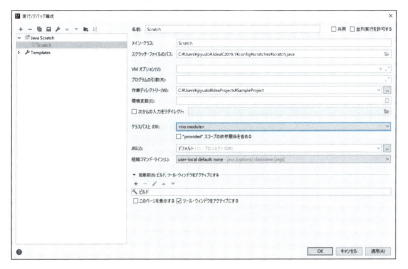

第4章　コーディング機能

> ONEPOINT
> 「クラスパスとJDK」欄が「<no module>」になっている場合、モジュール内に存在するクラスをスクラッチファイルで呼び出しできません。

3　「クラスパスとJDK」欄の「<no module>」をクリックして、Calculatorクラスが存在するモジュール（ここでは「SampleProject」）を選択し、＜OK＞ボタンをクリックします（図4.44）。

▼ 図4.44　スクラッチファイル実行時に読み込むモジュールを設定する

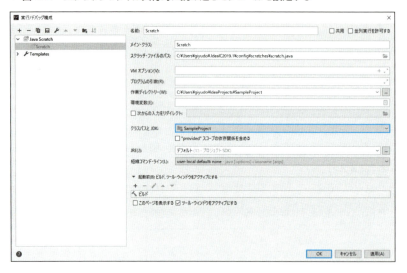

4　図4.39を参考にして、再度スクラッチファイルを実行します。

上記設定で、Calculatorクラスが存在するモジュールが読み込まれたため、Calculatorクラスを正常に呼び出して処理させることができました（図4.45）。

▼ 図4.45　プロジェクト内のJavaクラスが呼び出され正常に処理された

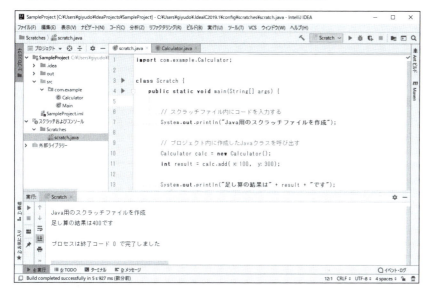

> **ONEPOINT**
> 「コード補完」「比較」「マクロ」といった機能もスクラッチファイルで利用可能です。

Scala用のスクラッチファイルを作成する

次に、Sacala用のスクラッチファイルの作成手順について紹介しましょう。まずは、P.134と同様の手順で、Scala用のプロジェクト（ここでは「ScalaProject」というプロジェクト名）を新規作成します。

なお、作成したプロジェクトの「プロジェクト」ウィンドウを確認すると、P.171で取り上げたJavaのスクラッチファイルが存在しています（図4.46）。その理由は、スクラッチファイルがプロジェクト内に保存されず、「スクラッチおよびコンソール」に配置されるためです。

したがって、他のプロジェクトを開いた場合においても、今まで作成したスクラッチファイルが一覧表示されます。

第4章　コーディング機能

▼ 図4.46　Scalaプロジェクト作成直後の画面

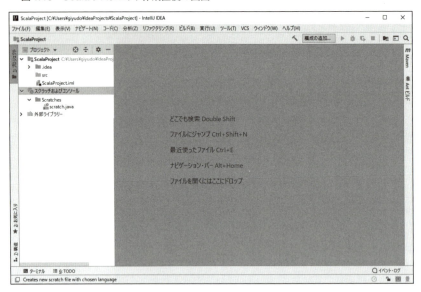

Scala用のスクラッチファイルを作成する

それでは、Scala用のスクラッチファイルを作成していきましょう。

1　「プロジェクト」ウィンドウ内の「スクラッチおよびコンソール」を右クリックして、メニューから「新規(N)」→「スクラッチ・ファイル」を選択します（**図4.47**）。

▼ 図4.47　新規でスクラッチ・ファイルを作成する

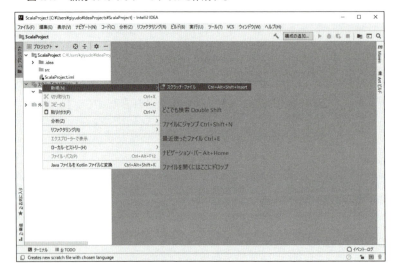

178

4-3　スクラッチファイルを作成する

② 「新規スクラッチ・ファイル」の項目が表示されるので、「Scala」を選択してください（**図4.48**）。

▼ 図4.48　Scala用のスクラッチ・ファイルを作成する

③ 「プロジェクト」ウィンドウ内の「スクラッチおよびコンソール」の中に「scratch」というファイルが作られます（**図4.49**）。

▼ 図4.49　スクラッチ・ファイル作成後の画面

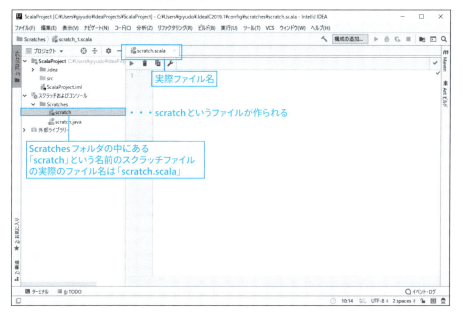

ONEPOINT
表記上は「scratch」ですが、実際のファイル名は「scratch.scala」となっています。

179

第4章 コーディング機能

　Scala用のスクラッチファイルを作成した場合、ファイルには何も記述されていない状態から始まります。

　作成したスクラッチファイルに**リスト4.2**のScalaのソースコードを入力します（**図4.50**）。

▼ リスト4.2　Scalaのソースコード

```
var str = "Hello World"

println(str)

// 足し算をするメソッド
def add(a:Int, b:Int) {
    print(a + " + " + b + " = " + (a + b))
}

add(100, 200)
```

▼ 図4.50　スクラッチファイルにScalaのコードを入力する

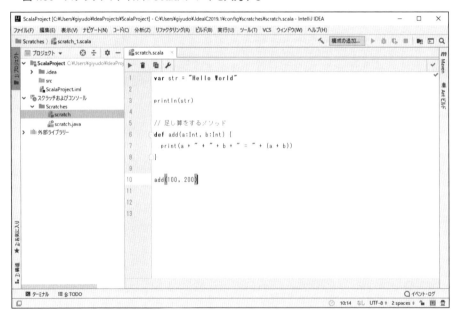

　スクラッチファイルは、プロジェクト内にファイルを保存しないというだけで、基本的に普通のScalaファイルと同じ扱いです。

Scala用のスクラッチファイルを実行する

作成したスクラッチファイルを実行するには、「プロジェクト」ウィンドウ内に表示されているスクラッチファイル（ここではscratch）を右クリックし、「Evaluate worksheet（Ctrl+Alt+W）」を選択してください（図4.51）。

▼ 図4.51 「Evaluate worksheet（Ctrl+Alt+W）」を選択する

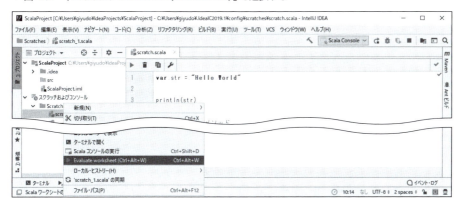

Scalaのスクラッチファイルを実行すると、図4.52のように「Scala Console」が起動します。Scala Consoleは2つの画面で構成され、左側がスクラッチファイルのコードが表示され、右側が記述したコードごとの実行結果が表示されます。

▼ 図4.52 Scala Consoleの起動と実行結果の表示

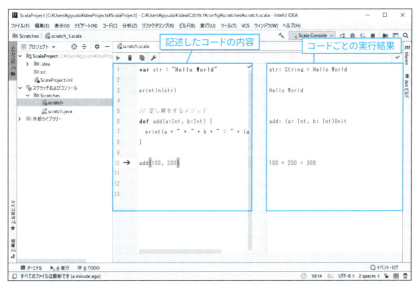

Scala Consoleでは、既述したコードごとに実行結果が表示されます。なお、Scala Consoleが起動している間は、リアルタイムで変数の値や実行結果が表示され、途中でコードを書き換えた場合は、実行結果の表示内容が更新されます。

Scala Consoleを停止するには、IntelliJ IDEAのツールバーにある「停止」アイコン■をクリックします（図4.53）。

▼ 図4.53　Scala Consoleを停止する

4-4　エディターのカスタマイズ

JavaやScalaのソースプログラムは、エディターで作成します。効率の良いプログラミングを行うには、エディターに搭載された各種機能が欠かせません。ここでは、エディターの基本操作を紹介していきます。

エディターの表示設定

快適にプログラミング作業が行えるように、IntelliJ IDEAには、様々なエディターの表示設定が搭載されています。まずは、エディター表示しておくと便利な項目についてあげておきましょう。

①行番号
②空白文字や改行記号
③メソッド・セパレーター（メソッド同士の区切り線）

①はデフォルトで設定されており、②③については、**3章**の「IntelliJの初期設定」のP.77、78の作業で設定済みです。

IntelliJ IDEAのメインメニューから「ファイル（F）」→「設定（T）」で表示される「設定」ダイア

ログボックスで、「エディター」→「一般」→「外観」を選択すると、先の設定が確認できます（図4.54）。

図4.55は前述した①②③それぞれの具体例です。

▼ 図4.54　エディターの表示設定の画面

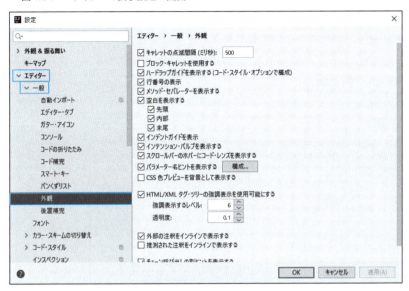

▼ 図4.55　エディター表示の確認

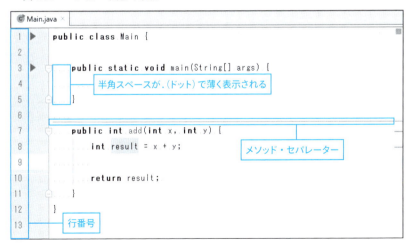

コードを折りたたむ

　エディター内のソースコードが長くなると、デバッグ作業時に何度もソースコードをスクロールするなどし、確認作業に手間がかかることもあります。そのような場合、現在不要なクラスやメソッドなどを折りたたむことで、ソースコードのボリュームを抑え、作業に必要な行だけに注目することができます。

　折りたたみたい行がある場合、エディターの左端にある「-」マークをクリックしてください。折りたたまれている行には、「+」マークが表示され。このマークをクリックすると、折りたたみ前の状態に戻すことができます（**図4.56**）。

▼ 図4.56　コードを折りたたんだ例

![図4.56 コードを折りたたんだ例]

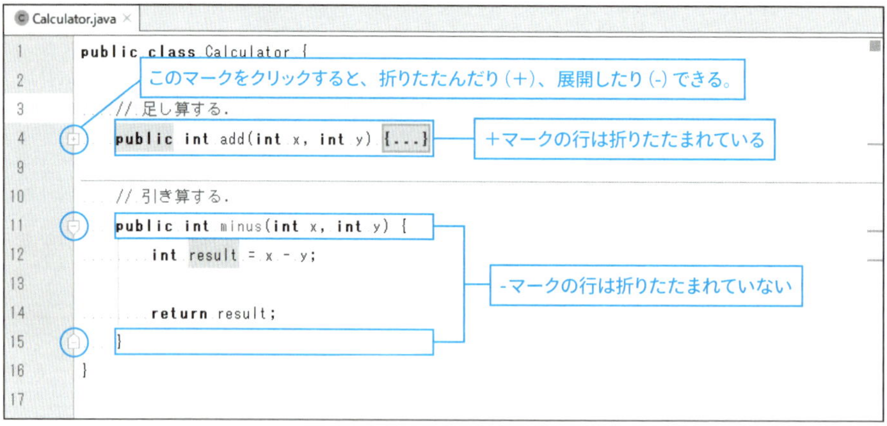

| ONEPOINT |

　コードの折りたたみは、「設定」ダイアログボックスの「エディター」→「一般」→「コードの折りたたみ」の設定項目にある「コードの折りたたみアウトラインを表示する」にチェックが付いていることが前提条件となります。

画面の切り替えと分割

　同じファイルのソースコードの前半と後半の記述を見比べたい時や別のファイルのソースコード同士を見比べたい場合は、エディターを分割表示させると便利です。

　分割では、主に「縦に分割」「横に分割」「ウィンドウを分割」することができます。

画面を縦に分割する

まずは、「縦に分割」の例をあげておきましょう。

1. 見比べたいファイルを既にエディター上に開いている状態にします（図4.57）。

▼ 図4.57　見比べたいファイルをエディター上に開いておく

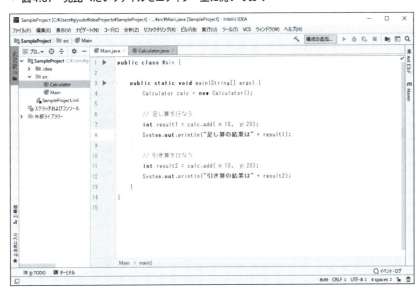

2. 縦に分割したいファイルの「タブ」を右クリックし、メニューから「縦に分割(V)」を選択します（図4.58）。

▼ 図4.58　右クリックメニューでエディターの分割表示ができる

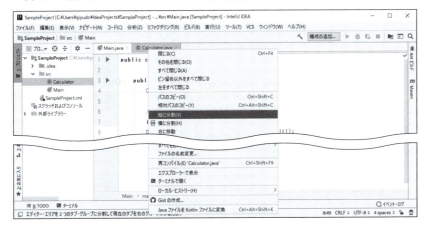

3 画面のように、ファイルが縦向きで左右に分割表示されます（図4.59）。

▼ 図4.59　縦に分割すると左右に分割表示される

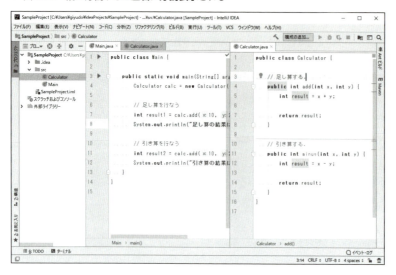

画面を横に分割する

次は横に分割する例です。

1 縦に分割する場合と同様に、横に分割したいファイルの「タブ」を右クリックして、メニューから「横に分割(H)」を選択します。
2 画面のように、ファイルが横向きで上下に分割表示されます（図4.60）。

▼ 図4.60　横に分割すると上下に分割表示される

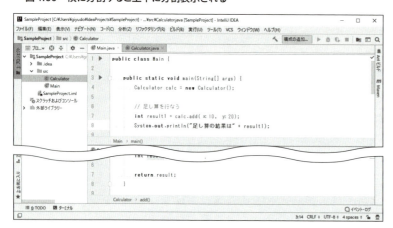

ソースファイルを別のウィンドウで表示する

　エディターを別のウィンドウで表示するには、エディターで開いているソースファイルの「タブ」をIntelliJ IDEAのウィンドウの外側にドラッグアンドドロップします（図4.61）。

▼ 図4.61　IntelliJ IDEAのウィンドウの外側にドラッグアンドドロップ

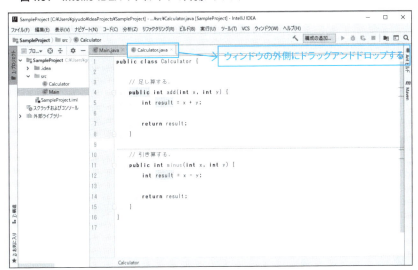

　ドラッグアンドドロップしたソースファイルは、図4.62で示したように、別のウィンドウで表示できます。

▼ 図4.62　別のウィンドウで表示された

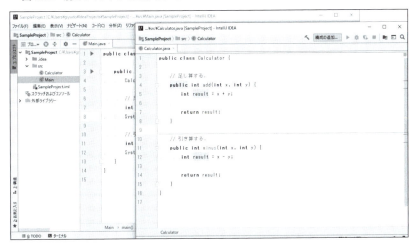

元のウィンドウに統合したい場合は、元のタブの位置にドラッグアンドドロップしてください（図4.63）。

▼ 図4.63　元のウィンドウに統合された

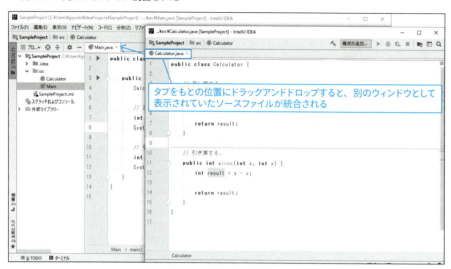

コードの比較

　IntelliJ IDEAには、コードの比較を行う機能が備わっており、選択した2つのファイルに記述したプログラムの違いを見つけたい場合などに役立ちます。開発現場では、ファイルやソースコードの追加・修正・削除といった変更が多々あるため、変更前と変更後のファイルで、どこがどのように変わったか把握しておく必要があります。

　コードの比較では、2つのファイルの差異を視覚的に確認できるので、プログラムの変更箇所が一目瞭然です。

　今回は、変更前のファイルを「Source.java」、変更後のファイルを「Destination.java」として2つのファイルの比較方法について説明していきます。

　まずは、「プロジェクト」ウィンドウ内で比較対象にしたい2つのファイルのうち、1つを右クリックして、メニューの中の「比較」を選択します（図4.64）。

4-4 エディターのカスタマイズ

▼ 図4.64 変更前のファイルを右クリックしてメニューから「比較」を選択

「パスの選択」ダイアログボックスが表示されたら、比較対象とするもう1つのファイルを選択し、＜OK＞ボタンをクリックしてください（図4.65）。

▼ 図4.65 比較対象の2つ目のファイルを選択

189

エディター上に、2つのファイルが横並びで表示され、コードの差異がある行または箇所が色付きで表示されます（図4.66）。

▼ 図4.66　比較時のソースコードの表示

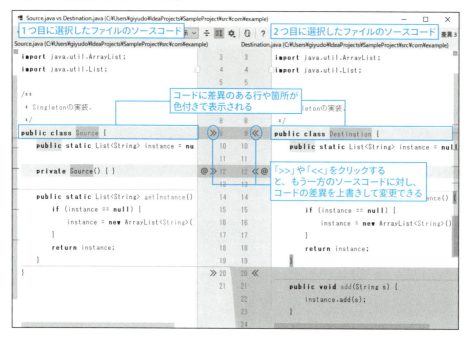

図4.66で示した「>>」や「<<」をクリックすることで、もう一方のソースコードを上書きできます。

このように、コードの比較を行うことで、プログラムの変更箇所がすぐに確認できるため、現在実装中のソースコードと、何世代か前のソースコードを比較したり、似たような構造のJavaクラス同士を比較したりするときに便利です。

ONEPOINT
比較中の2つのソースコードを直接編集することも可能です。書き換え後も、コードの差異は常に色付きで表示されます。

クラスやメソッドの構造を確認する

作成したプログラムは、IntelliJ IDEAの「プロジェクト」ツールウィンドウ内にツリー表示さ

れているため、いつでも確認することができます。ここではプログラムを開かずにクラスやメソッドの構造を確認する方法について紹介していきます。

IntelliJ IDEAの初期設定では、「プロジェクト」ツールウィンドウ内で表示されるものが、「クラス」や「インターフェース」などファイル単位で作成されたプログラムのみとなっています（図4.67）。

▼ 図4.67 「プロジェクト」ツールウィンドウでクラスの一覧を確認した例

クラス内に定義された「メソッド」や「フィールド変数」も含めてツリー表示するには、「プロジェクト」ツールウィンドウの歯車のアイコンをクリックし、メニューの「メンバーの表示」を選択します（図4.68）。

▼ 図4.68 「メンバーの表示」を選択する

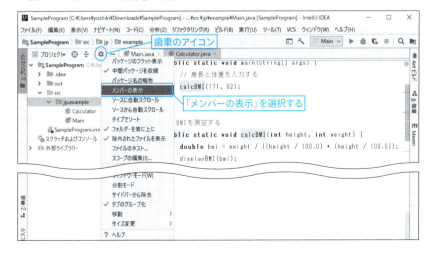

第4章 コーディング機能

図4.69のようにクラスごとに「メソッド」「フィールド変数」といったクラスのメンバーをツリー表示させることができます。

▼ 図4.69 「メソッド」「フィールド変数」などクラスの構造が確認できる

なお、図4.69で表示されているメソッドをダブルクリックすれば、該当するメソッドがエディター上で確認できます（図4.70）。

▼ 図4.70 メソッドが定義されている行に移動する

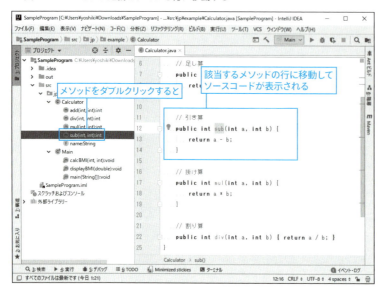

クラスやメソッドの階層や呼び出し関係を確認する

次に、クラスやメソッドがどこのソースコードから呼び出されているかを階層表示して確認する方法を紹介します。まずは、「プロジェクト」ツールウィンドウに表示されているメソッドを右クリックして、メニューの「使用箇所の検索(U)」を選択してください（**図4.71**）。

▼ 図4.71　使用箇所の検索をする

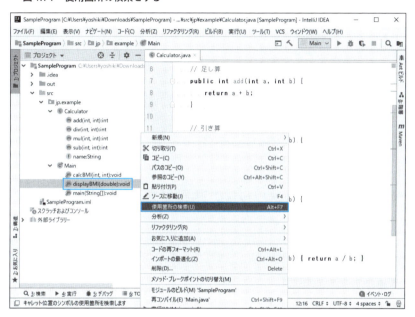

すると、IntelliJ IDEAの画面下部に「検索」ツールウィンドウが表示されます（**図4.72**）。「検索」ツールウィンドウでは、「使用箇所の検索」で選択したメソッドが、どのクラスのどのメソッドから呼び出されているかなどを確認することができます。

第4章　コーディング機能

▼ 図4.72　クラスやメソッドの階層や呼び出し関係が確認できる

ナビゲートで目的のクラスやメソッドに移動する

　IntelliJ IDEAの「ナビゲート」メニューには、ソースコード内のいろいろな箇所へ移動するための項目が用意されています。ナビゲートを使うには、まずIntelliJ IDEAのメニューから「ナビゲート(N)」→「クラス」を選択します（**図4.73**）。

▼ 図4.73　「ナビゲート」メニューにある「クラス…」を選択する

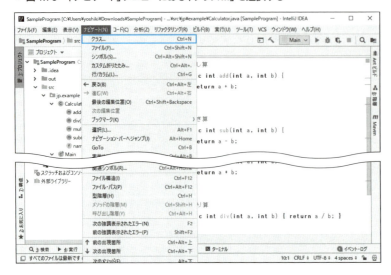

図4.74のような検索ウィンドウが表示されるので、「すべて」をクリックし、検索ボックスに任意の検索文字列を入力（ここではbmi）すると、入力した文字列に該当するクラスやメソッドなどが一覧表示されます（図4.75）。

▼ 図4.74　検索ウィンドウが表示される

▼ 図4.75　「ナビゲート」機能による検索

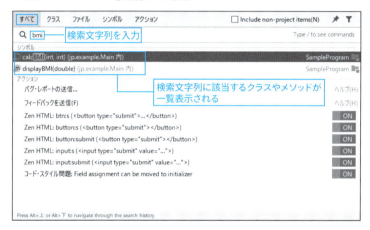

図4.75で示したように、表示されているクラスやメソッドをクリックすることで、該当するクラスやメソッドが定義されている個所を確認することができます。なお、ソースコード上で Ctrl キーを押しながら、ソースコード内に記述されているクラスやメソッドをクリックすると、該当する行を開くことができます（図4.76）。

第4章　コーディング機能

▼ 図4.76　ソースコード内に記述されているクラスやメソッドに移動する

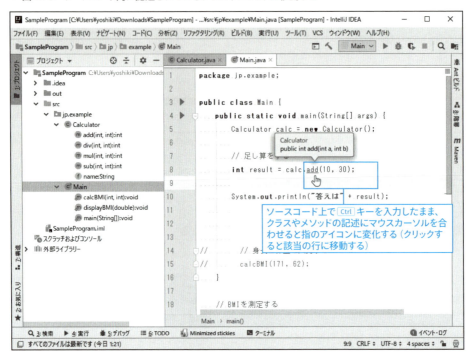

第5章

デバッグ機能

ソースコードが完成したら、次はソースコードが正常に動作するか否かをデバッグ作業で確認します。IntelliJ IDEAには、プログラムの不具合を解消し、品質を高めるために重要なデバッグ作業に関するいろいろな機能が搭載されています。

本章の内容

5-1 ブレークポイントを設定する
5-2 デバッグ作業でブレークポイントを使用する
5-3 デバッグ操作の具体例
5-4 高度なデバッグ操作

5-1 ブレークポイントを設定する

ブレークポイントを使えば、デバッグ時にプログラムの不具合箇所を特定し、不具合の修正に役立てることができます。本章では、まず、ブレークポイントを使わないデバッグケースから紹介し、効果的なブレークポイントの設定について見ていくことにします。

 ブレークポイントを使わないデバッグ

1章で紹介したように、プログラミングで遭遇するエラーには、「構文エラー」と「論理エラー」の2種類があります。

スペルミスなどによってプログラムが実行できない「構文エラー」の場合は、**図5.1**で示したようにエラー箇所がエディター上で表示されます。このようなエラーはブレークポイントを使わずに不具合を修正することができます。

▼ 図5.1　構文エラーの箇所が赤い波線または、赤い文字で表示される

```
 4  ▶     public static void main(String[] args) {
 5
 6            Calculator calc = new Calculator();
 7            System.out.println("足し算をする");
 8            String result = calc.add(20, 30);
 9
10            System.out.println("結果は" + result);
11
12        }
```

図5.1で示したように、ソースコード内に構文エラーが存在する場合は、該当箇所が赤い波線または、赤い文字で表示されます。エラーのまま実行すると、「メッセージ」ツールウィンドウにエラーの箇所や説明が表示されます（**図5.2**）。

▼ 図5.2　「メッセージ」ツールウィンドウにエラー箇所や説明が表示される

　図5.1で示したエラー箇所にマウスを合わせると、エラーの説明が表示されるので、説明をヒントにしてデバッグをすることができます（図5.3）。

▼ 図5.3　エディター上のエラー表示からデバッグする

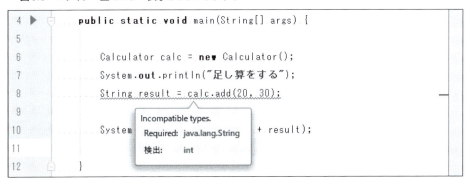

　エラー箇所をマウスでクリックすると電球マークが表示されます（図5.4）。電球マークをクリックすると、具体的な修正案が表示されます。表示された修正案をクリックすると、エラー箇所の構文を変更することができます。

▼ 図5.4　電球マークによるエラーの修正

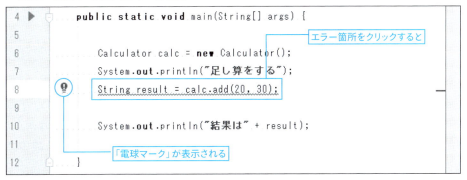

第 5 章　デバッグ機能

> **COLUMN　電球マークの修正案はあくまでエラー解決の候補**
>
> 電球マークをクリックして表示される修正案は、デバッグ作業に役立ちます。しかし、修正案はあくまでも候補に過ぎず、必ずしも意図した通りにエラーを修正できるとは限りません。修正案にしたがって修正することで、たいていの場合はその行の構文エラーが消えますが、その行に関連する別の行でエラーが発生することもあります。また、構文エラーがすべて消えたとしても、プログラム実行時に論理エラーが発生することもあります。
> 論理エラーについては、後述するブレークポイントによるデバッグが効果的です。

 ## 論理エラーを解消する

　プログラムの処理が仕様通りの結果とならない「論理エラー」を解消するには、ブレークポイントの使用が効果的です。

　論理エラーはプログラム実行時に発生し、構文エラーのようにエラー箇所がエディター上で表示されることはありません（図5.5）。

▼ 図5.5　論理エラーの具体例

　論理エラーを解決するには、プログラムの流れを行単位でコマ送りのように動かしながら、変数などの内容の変化を確認していく必要があります。それでは、ブレークポイントの設定についての具体例を見ていきましょう。

ブレークポイントを設定する

　ブレークポイント (Break Point) とは、デバッグ作業において実行中のプログラムを意図的に一時停止させる箇所を意味します。

　プログラムの実行中に一旦停止させておきたい行の行番号の右隣をクリックすると、図5.6で示すような赤い丸のマークが表示されます。このマークがブレークポイントです。

▼ 図5.6　ブレークポイントを設定する

```
 4  ▶       public static void main(String[] args) {
 5
 6              Calculator calc = new Calculator();
 7              System.out.println("足し算をする");
 8              int result = calc.add(20, 30);
 9  ●           System.out.println("結果は" + result);
10
11          }
12
13          public static void bmi(int height, int weight) {
14              double bmi = weight / ((height / 100.0) * (height / 100.0));
15              System.out.println("あなたのBMIは" + bmi);
```

止めておきたい行の行番号の隣をクリックすると、ブレークポイントを示す赤い丸のマークが表示される

　ブレークポイントは、論理エラーの発生が疑わしい箇所やその付近に設定します。複数行にブレークポイントを設定することもできますが、その場合は、デバッグ時にブレークポイントの設定行で都度一時停止します（図5.7）。

▼ 図5.7　ブレークポイントを複数設定した例

```
 4  ▶       public static void main(String[] args) {
 5
 6  ●           Calculator calc = new Calculator();
 7              System.out.println("足し算をする");
 8  ●           int result = calc.add(20, 30);
 9  ●           System.out.println("結果は" + result);
10
11          }
12
13          public static void bmi(int height, int weight) {
14              double bmi = weight / ((height / 100.0) * (height / 100.0));
15              System.out.println("あなたのBMIは" + bmi);
```

ブレークポイントを解除する

　デバッグ終了時や、ブレークポイントを誤って設定してしまった場合は、ブレークポイントを設定した行の赤い丸のマークを再度クリックすることで、設定を解除できます（**図5.8**）。

▼ 図5.8　ブレークポイントを解除する

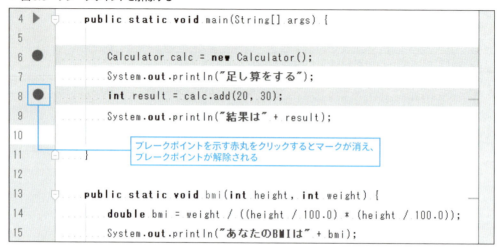

> **ONEPOINT**
> 　エディター上の入力カーソルが存在する行に対して、Ctrl + F8 キーを押すと、カーソルのある行にブレークポイントが設定できます。なお、すでにブレークポイントが設定されている場合は解除できます。

5-2　デバッグ作業でブレークポイントを使用する

　プログラムの論理エラーを解決するには、前述のブレークポイントを設定し、デバッグ作業を行ないます。ここでは、ブレークポイントを使った基本的なデバッグの手順について紹介しましょう。

 ## ブレークポイントを使用したデバッグの手順

　以下に、ブレークポイントを使用してデバッグ作業を行う際の手順をあげます。

1 「プロジェクト」から、デバッグするソースプログラムを選択し、デバッグ実行時に確認したいソースプログラム上のコード行にブレークポイントを設定します（図5.9）。

▼ 図5.9 デバッグ実行の前にブレークポイントを設定する

```
4    public static void main(String[] args) {
5
6        Calculator calc = new Calculator();
7        System.out.println("足し算をする");
8        int result = calc.add(20, 30);
9 ●      System.out.println("結果は" + result);
10
11   }
12                      デバッグ実行の前にブレークポイントを設定する
13   public static void bmi(int height, int weight) {
14       double bmi = weight / ((height / 100.0) * (height / 100.0));
15       System.out.println("あなたのBMIは" + bmi);
```

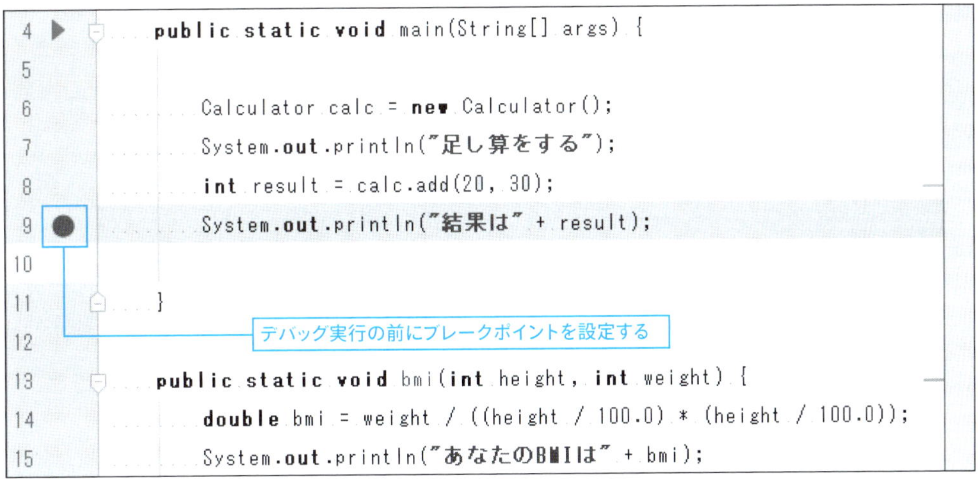

2 選択したソースプログラムを右クリックして、ショートカットメニューから「デバッグ(D) 'クラス名.main()'」を選択します（図5.10）。

▼ 図5.10 「デバッグ(D)」を選択する

3 図5.11が表示される場合は、デバッグ実行するクラス名（ここではMain）を選択してください。

▼ 図5.11　デバッグ実行するクラスを選択する

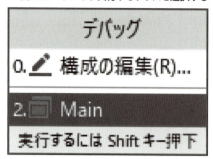

> ONEPOINT
> 2回目以降のデバッグ実行では、IntelliJ IDEAのメニューの アイコンをクリックするか、「実行(U)」→「デバッグ(D)」をクリックすることで、デバッグが実行できます。また、Ctrl + F5 でデバッグを開始することもできます。

4　デバッグの設定が完了すると、IntelliJ IDEAの画面下部に「デバッグ」ツールウィンドウが表示されます（図5.12）。

▼ 図5.12　「デバッグ」ツールウィンドウが表示される

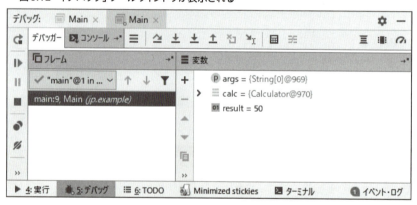

図5.13はデバッグを実行し、ブレークポイントを設定した行で止まった例です。

▼ 図5.13 デバッグを実行し、ブレークポイントを設定した行で止まった例

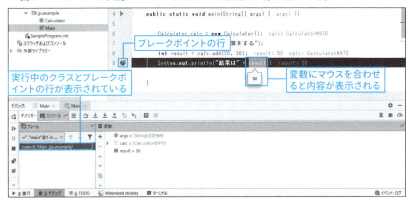

「デバッグ」ツールウィンドウでは、デバッグ実行中のクラスやメソッド、変数などの情報を確認することができます。また、図5.13で示したように、エディター上の、ブレークポイントがある行の変数にマウスを合わせると、変数の内容が確認できます（変数の内容はブレークポイント行までの処理を実行した時点での状態を示しています）。

「デバッグ」ツールウィンドウ内の「変数」欄でも、変数の内容が確認できます。「変数」欄では、プログラム内にある引数や変数とその内容が一覧表示されます（図5.14）。

▼ 図5.14 「変数」欄では変数の内容を一覧表示できる

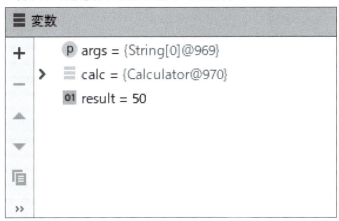

デバッグを停止する

デバッグを停止するには、図5.15のように■アイコンをクリックしてください。

▼ 図5.15 デバッグを停止する

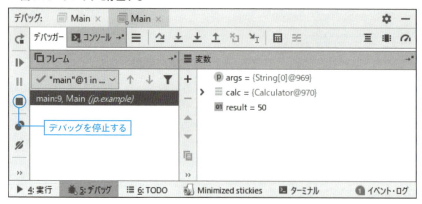

> **ONEPOINT**
> Ctrl + F2 キーでデバッグを停止することもできます。

デバッグ中に操作する

デバッグ作業では、たくさんの便利な機能を利用することができます。まずは、「デバッグ」ツールウィンドウの画面構成をみていきましょう（図5.16）。

▼ 図5.16 「デバッグ」ツールウィンドウ

次に、「デバッグ」ツールウィンドウの構成要素と、「デバッグ」ツールバーや「ステップ」ツールバーにあるアイコンをあげておきます（表5.1～表5.3）。

5-2　デバッグ作業でブレークポイントを使用する

▼ 表5.1　「デバッグ」ツールウィンドウの構成要素

要素	説明
①コンソール	システム情報、エラーメッセージ、アプリケーションのコンソール入出力を表示する
②デバッガー	「フレーム」、「スレッド」の2つのタブがある。「フレーム」タブは、アプリケーションのスレッドリストにアクセスできる。「スレッド」タブは、プロセスのすべてのスレッドがツリービューとして表示される
③変数ペイン	アプリケーションのオブジェクトに格納されている値を調べることができる。オブジェクトのラベルを設定したり、オブジェクトを検査したり、式を評価したり、変数を監視に追加したりすることができる
④監視式ペイン	現在のスタックフレームのコンテキスト内の任意の数の変数または式を評価できる。値は、アプリケーションの各ステップで更新され、アプリケーションが中断される度に表示される
⑤デバッグツールバー	デバッグ用のツールバー（それぞれのアイコンの意味は表5.2を参照）
⑥ステップツールバー	ステップ用のツールバー（それぞれのアイコンの意味は表5.3を参照）

▼ 表5.2　「デバッグ」ツールバーのアイコン一覧

アイコン	意味	説明	ショートカットキー
↻	再実行	現在の実行を終了し、もう一度実行する	Ctrl + F5
▮▶	プログラムの再開	次のブレークポイント行に進むか、ブレークポイント行が存在しない場合は実行を終了する	F9
▮▮	プログラムの中断	実行を一時停止する	Ctrl + Pause
■	停止	実行（デバッグ作業）を終了する	Ctrl + F2
●	ブレークポイントの表示	ブレークポイントダイアログが開き、ブレークポイントの編集ができる。	Ctrl + Shift + F8
⌀	ブレークポイントをミュート	プロジェクト内のすべてのブレークポイントを一時的にミュート（無効化）し、ブレークポイントで停止せずにプログラムを実行することができる	
📷	スレッド・タイプの取得	ダンプタブを開く	
▦	レイアウトの復元	レイアウトの変更を破棄し、デフォルトのレイアウトに戻る	
⚙	オプション・メニューの表示	オプション・メニューを開く ・値をインラインで表示する：インラインデバッグ機能が有効になり、エディターでの使用の直後に変数の値を表示できる ・メソッド戻り値の表示：最後に実行されたメソッドの戻り値が表示される ・自動変換モード：ブレークポイントの変数とブレークポイント前後の数行を自動的に評価するようにできる ・アルファベット順に値をソートする：アルファベット順に変数ペインの値を並び替える ・セッション完了時にブレークポイントのミュートを解除：デバッグセッションが終了した後、すべての無効なブレークポイントを再度有効にする	
📌	タブをピン留め	現在のタブを固定または固定解除する	

207

▼ 表5.3　ステップツールバーのアイコン一覧

アイコン	意味	説明	ショートカットキー
≡	実行ポイントの表示	エディターで現在の実行ポイントが強調表示され、対応するスタックフレームがフレームペインに表示される	Alt + F10
⤴	ステップ・オーバー	ブレークポイント行の有無に関係なく、1行先の処理に進む	F8
⤓	ステップ・イン	メソッド内部の処理を確認する場合などに使用する	F7
⤓	強制的にステップ・イン	ステップインが抑制されているメソッドにもステップインする	Shift + Alt + F7
⤒	ステップ・アウト	メソッドから抜ける（ステップ・リターンと同義）	Shift + F8
↴	フレームにドロップ	現在のメソッドの先頭行へ戻る	
⤇	カーソル位置まで実行	入力カーソルのある行まで進む	Alt + F9
▦	式の評価	式の評価ダイアログを開く	Alt + F8
⇌	現在のストリーム・チェーンをトレース	各変数の各要素がどのようになるか可視化する	

COLUMN　**デバッグとテスト**

デバッグとテストは一般的に、以下のような区分けをします。

・デバッグ　：プログラムの不具合を修正する作業
・テスト　　：プログラムに不具合がないか探す作業

▼ 図5.A　デバッグとテスト

また、デバッグはプログラムの作成者であるプログラマーが行う作業であるのに対し、テストはプログラマーとは異なる「テスター」などと呼ばれる担当者が行うことが基本です。プログラムの作成者以外の第3者がテストを行うことで、作成者の思い込みなどを除外でき、作成者が予想しない問題点を発見することにつながります。

5-3 デバッグ操作の具体例

基本的なデバッグ操作の具体例として、複数のブレークポイントを用いるケースや、ステップイン、ステップアウトなどといった、デバッグ操作ではよく知られている機能を用いたケースを紹介します。

 ブレークポイントを使ったデバッグ操作の具体例

デバッグ操作の具体例を紹介する前に、デバッグウィンドウにあるアイコンについて紹介しておきましょう（表5.4）。

▼ 表5.4 デバッグウィンドウにあるアイコン

アイコン	意味	説明
↻	再実行（Ctrl + F5）	現在の実行を終了し、もう一度実行する
▷	プログラムの再開（F9）	次のブレークポイント行に進むか、ブレークポイント行が存在しない場合は実行を終了する
❙❙	プログラムの中断（Ctrl + Pause）	実行を一時停止する
■	停止（Ctrl + F2）	実行（デバッグ作業）を終了する
⤴	ステップ・オーバー（F8）	ブレークポイント行の有無に関係なく、1行先の処理に進む
⤓	ステップ・イン（F7）	メソッド内部の処理を確認する場合などに使用する
⤒	ステップ・アウト（Shift + F8）	メソッドから抜ける（ステップ・リターンと同義）
⤷	フレームにドロップ	現在のメソッドの先頭行へ戻る
⤓	カーソル位置まで実行	入力カーソルのある行まで進む

それでは、複数のブレークポイントを用いたデバッグの例を紹介していきます。

ここでは、関連する2つのJavaソースプログラム中に、3つのブレークポイントを設け、デバッグする様子を見ていくことにします。図5.17に、ブレークポイントを設定したプログラムをあげておきます。

第5章　デバッグ機能

▼ 図5.17　2つのプログラムにブレークポイントを設置した例

複数のブレークポイントを設置してデバッグする例

まずは、複数のブレークポイントを設置してデバッグする手順を紹介します。

1. IntelliJ IDEAのメインメニュー左側にある「プロジェクト」欄内の「Main.java」を右クリックして、ショートカットメニューから「デバッグ(D)」を選択します。
2. 図5.17で示した「Main.java」が表示されているエディター上の8行目にあるブレークポイントで停止するため、まずは、この行までの変数の内容などを確認します。
3. ▶アイコンまたは、F9 キーで次のブレークポイントへ進みます。すると、処理は手順 2 のブレークポイントに記述されていた「add」メソッドを持つ「Calculator.java」へ移動します（図5.18）。

▼ 図5.18　次のブレークポイントを持つ「Calculator.java」へ移動する

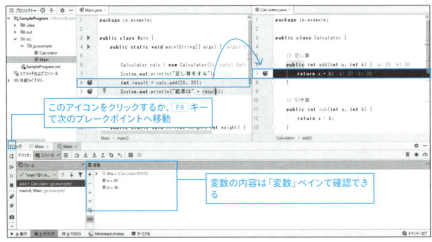

210

> **ONEPOINT**
>
> 図5.18では、Calculator.javaにある「add」メソッドが受け取った引数の値（a:20 b:30）が、エディター上で確認できます。

[4] ▶アイコンまたは、F9キーで次のブレークポイントへ進みます。今度は、「Main.java」にある2つ目のブレークポイント（全体では3つ目）で処理が停止します（図5.19）。

▼ 図5.19　Main.javaの2つ目のブレークポイントへ移動する

手順[4]で示したように、「add」で加算された値が、result変数へ代入されていることが、エディター上で確認できます。

ブレークポイントの行の変数にマウスを合わせることで、変数の内容が確認できますが、確認する変数の内容や範囲によっては、「+」マークが付くことがあります。この場合は、図5.20で示したように、「+」マークをクリックすることで内容が展開されます。

▼ 図5.20　「+」マークをクリックすれば内容が確認できる

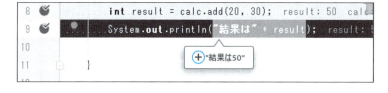

第5章　デバッグ機能

> COLUMN **すべてのブレークポイントを除去する**
>
> ブレークポイントによるデバッグは効果的ですが、ブレークポイントをたくさん設定した場合、後からブレークポイントを一つずつ除去するのは手間がかかります。
> 以下に、一度にすべてのブレークポイントを除去したい場合の手順をあげておきましょう。
>
> ① 「デバッグ」ツールバーにある 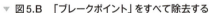 アイコンをクリックします。
> ② 「ブレークポイント」ダイアログボックス内の「Java行ブレークポイント」を選択してから、「ー」マークをクリックします。
> ③ 「ブレークポイント」ダイアログボックスの右下にある「終了」ボタンをクリックします。
>
> ▼図5.B 「ブレークポイント」をすべて除去する
>
>

ステップ・インを使ったデバッグ

　次は、「ステップ・イン」を使ったデバッグ作業の具体例を紹介します。ステップ・インでは、メソッド内にブレークポイントを設定していなくても、ブレークポイントの行で呼び出ししているメソッドへそのまま進むことができます。図5.21で示した「Main.java」の6行目に設定したブレークポイントからステップ・インを行う手順をあげておきましょう。

212

5-3 デバッグ操作の具体例

▼ 図5.21　ステップ・インでは、メソッド内の行へ進む

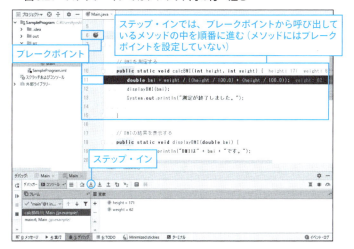

1. 図5.21の6行目でステップ・イン（ ▲ もしくは「 F7 」）を実行します。
2. 6行目から呼び出している10行目の「calcBMI」メソッド内へジャンプします。
3. ステップ・インを実行すると、「calcBMI」メソッド内の次の行へと進みます。

　ステップ・インでは、ブレークポイントを設定していない行でも、1行ずつ処理を進めていくことができます。
　ステップ・インで、メソッドへ移動する際には、メソッドの先頭行ではなく、メソッド内の1行目へ移動します。図5.22で改めて確認しておきましょう。

▼ 図5.22　メソッドの中の1行目にステップ・インする

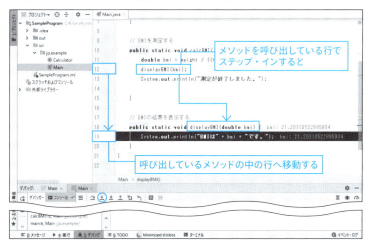

このように、ステップ・インを使用すると、呼び出されたメソッドへどんどんと移動していきます。

ステップ・オーバーとステップ・アウト

ステップ・インのように、次のメソッドの中に移動せず、現在のメソッド内の次の行に進みたい場合は「ステップ・オーバー」を利用すると便利です（図5.23）。

また、メソッド内から途中で抜けたい場合は「ステップ・アウト」を利用しましょう。

▼ 図5.23 ステップ・オーバーとステップ・アウト

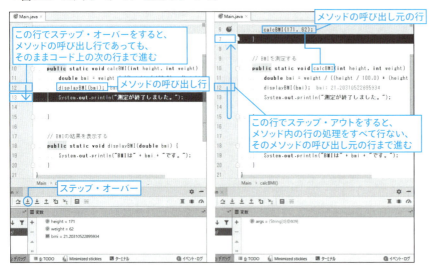

移動したメソッドから抜けて、呼び出した直後の行に戻るには、後述のステップ・アウト（ ⬆ もしくは Shift + F8 ）を、ステップ実行をやめて処理を再開するには、プログラムの再開（ ▶ もしくは F9 ）を選択してください。なお、メソッドを呼び出さない命令文の場合は、ステップ・イン、ステップ・オーバーのどちらを使っても同じように次の命令文に進んでいきます。

強制的にステップ・インする

ステップ・インの動作についてもう少しだけ見ておきましょう。

図5.22の例では、ステップ・インした先にメソッドがあると、そのメソッド内に移動していました。しかし、Javaのクラスライブラリに用意されているメソッドである場合は、そのメソッド内へは移動しません（図5.24）。

▼ 図5.24　ステップ・インではJavaのクラスライブラリのメソッドなどは無視される

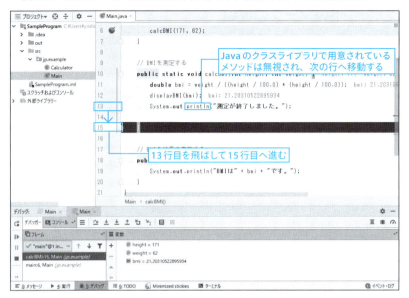

なお、Javaのクラスライブラリで用意されたメソッドの中の行に進むには「ステップ・イン」ではなく、「強制的にステップ・イン」という機能を利用します（図5.25）。「強制的にステップ・イン」を続けることで、さらに他のクラスのメソッドへ移動していきます。

▼ 図5.25　「強制的にステップ・イン」で他のクラス内へ進んでいく例

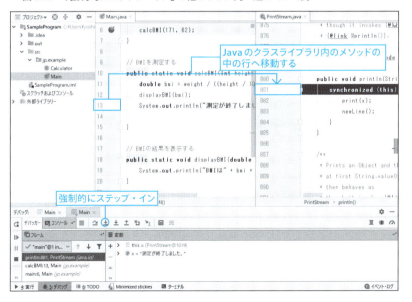

COLUMN **ブレークポイントのマークの種類**

ブレークポイントのマークは、設定した行によって図5.Cのように異なります。

▼ 図5.C　ブレークポイントのマーク

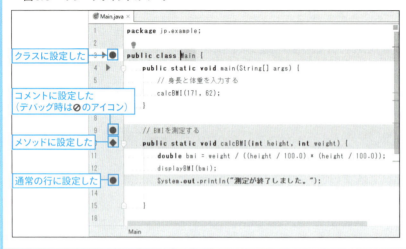

5-4 高度なデバッグ操作

基本的なデバッガーの操作ができるようになったところで、次は実行中の変数やオブジェクトの値を変更したり、条件付きのブレークポイントや式の評価といった少し高度な機能についてみていきましょう。

 ブレークポイントの設定をカスタマイズする

前節では、ステップ・インで他のクラスやパッケージへ進まないようにするために、ステップ・インとステップ・オーバーの併用などを紹介しました。

しかし、デバッグ上、特定のクラスへのみ進みたい場合は、ブレークポイントの設定をカスタマイズして、特定の条件のときだけ、任意の行へのみ移動してデバッグするといったようなことも可能です。

以下にブレークポイントの設定のカスタマイズを用いたデバッグの例を挙げます。

5-4 高度なデバッグ操作

ようにブレークポイントを3つ設定します。

ポイントを設定する

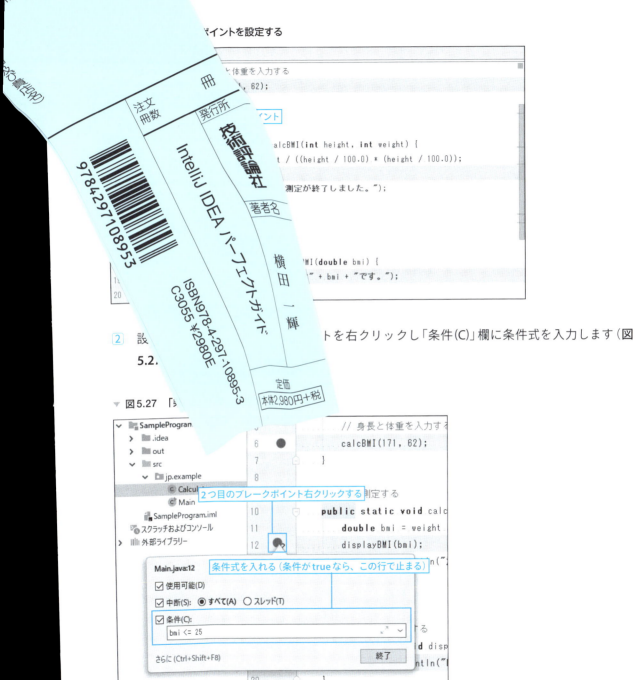

2 設...................トを右クリックし「条件(C)」欄に条件式を入力します（図
5.2..

▼ 図5.27 「

第5章 デバッグ機能

> ONEPOINT
> 「条件」を設定すると、ブレークポイントのマークが ● から ● に変わります。

③ 手順②で条件式を入力したら、「終了」ボタンをクリックして、「デバッグ」を開始してください。

それでは、手順②で入力した条件式のパターンとそのデバッグ結果について見ていきましょう。

条件がtrueになる場合（②の条件式を「bmi <= 25」とする）

今回の例では、変数bmiの値が約21.2となるため、条件式の結果はtrueになります。

デバッグを実行すると、1つ目のブレークポイント（6行目）で停止し、その後、「プログラムの再開」アイコンをクリックすると、2つ目のブレークポイントの行に移動します（図5.28）。

▼ 図5.28　条件がtrueの場合は、ブレークポイントの行で止まる

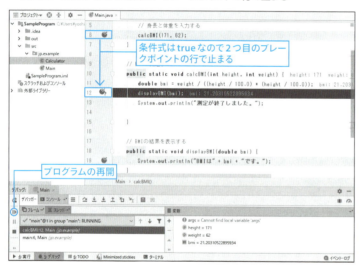

条件がfalseになる場合（②の条件式を「bmi > 25」とする）

変数bmiの値は約21.2の時、条件式が「bmi > 25」であれば、結果はfalseになります。デバッグを実行すると、1つ目のブレークポイント（6行目）で停止し、「プログラムの再開」アイコンをクリックすると、2つ目のブレークポイントの行は条件を満たさないためスキップされて、3つ目のブレークポイントの行へと移動します（図5.29）。

5-4 高度なデバッグ操作

▼ 図5.29 条件がfalseの場合は、ブレークポイントの行がスキップされる

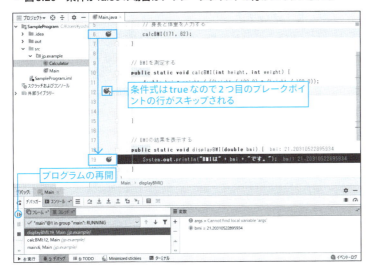

変数の値を追跡する

　デバッグでは、変数の値がどのように変化していくかを追跡するような「トレース」と呼ばれる作業が必要となります。ステップ・インでデバッグを進めていると、「変数」ペインに、デバッグ中のメソッドなどに関連する変数の現在の値がリアルタイムで表示されるため、トレース作業に役立ちます（**図5.30**）。

▼ 図5.30 「変数」ペインには、変数の現在の値が表示される

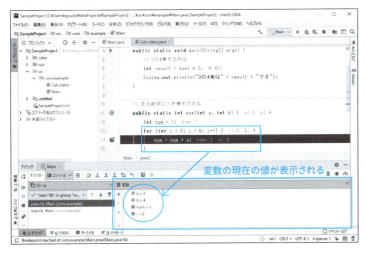

このデバッグの実行例では、変数numの初期値は1で始まります。変数iはfor文内で宣言した変数で、for文のループ回数の判定値として使います。

図5.31では、ステップ・インによって、変数numと変数iそれぞれの値の変化を追跡していく様子を示しています。なお、ステップ・イン直後で値が変化した変数名の色は青色で表示されます。ステップ・インを行なっていくと、変数numと変数iの値が変化していく様子を確認することができます。

▼ 図5.31　ステップ・インによる変数の値の変化

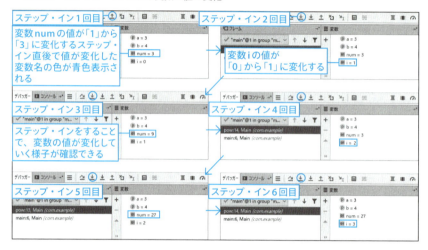

次に、ステップ・インを継続し、「for文を抜ける直前」と「for文を抜けて次の行に移動した時」の変数の変化を見比べてみます（図5.32）。

▼ 図5.32　ステップ・インによる変数の値の変化

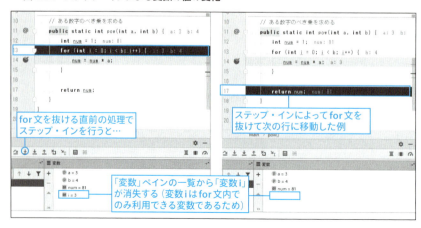

for文内で宣言された変数iは、for文を抜けたタイミングで、プログラム上では使用されなくなるため、「変数」ペインの一覧から消失してしまいます。

「変数」ペインから変数の値を変更する

　「変数」ペインでは変数の値を変更することが可能です。現在の変数の値を変更するには、「変数」ペイン内の変数名を右クリックして、ショートカットメニューの「値の設定」を選択してください。すると、「変数」ペイン内の該当する変数の値を変更するための入力ボックスが出現します（図5.33）。

　デバッグ処理中に、値を変更することも可能です。なお、一旦デバッグが終了すれば、変更した値はクリアされます。

▼ 図5.33　変数の値を変更する

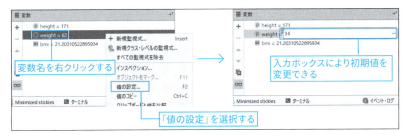

「監視式」ペインを活用する

　「変数」ペインに表示されている変数のうち、監視したいものがあれば「監視式」ペインを活用すると便利です。「監視式」ペインは、「変数」ペインの眼鏡のアイコンをクリックと表示されます（図5.34）。

▼ 図5.34 「変数」ペインを開く

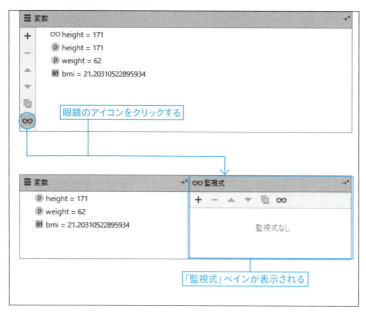

　画面上に表示されている「変数」ペインの高さがない場合などは、眼鏡のアイコンが表示されないことがあります。そのような場合は、**図5.34**で示した「変数」ペインの箇所にマウスを合わせることで、眼鏡のアイコンを表示させることができます（**図5.35**）。

▼ 図5.35　眼鏡のアイコンが隠れている場合

　また、「監視式」ペインを閉じる場合は図5.36のように眼鏡のアイコンをクリックします。

▼ 図5.36　「監視式」ペインを閉じる

変数の監視を行う場合は、「変数」ペイン内に表示されている変数のうち、監視したい変数を「監視式」ペインにドラッグアンドドロップしてください。すると、「監視式」ペイン内に該当の変数とその内容が表示されます。
ます（図5.37）。

▼ 図5.37　変数を「監視式」ペインにドラッグアンドドロップする

デバッグ実行中に「変数」ペイン内にたくさんの変数が表示されている場合などは、特定の変数を「監視式」ペインに登録することで、該当の変数のみを集中して監視することができるようになります。なお、一度「監視式」ペインに変数を登録しておけば、2回目以降のデバッグにおいても再登録は不要です。ちなみに、「監視式」ペインにある変数を除去したい場合は、「監視式」ペイン内の変数を選択し、「-」マークをクリックしてください（図5.38）。

▼ 図5.38　変数を選択後「監視式」ペインで「-」マークで除去する

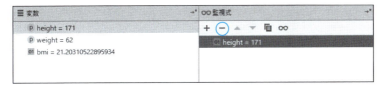

「監視式」ペイン内の「+」マークをクリックすることで任意の変数名を入力して登録することも可能です（図5.39）。デバッグ処理中に入力した変数名が登場した場合は、その変数の内容が確認できます。

▼ 図5.39　「監視式」ペインの「+」マークから変数を登録する

COLUMN　変数の監視はスコープでのみ有効

　前述したように、「監視式」ペインに登録済みの変数は常に表示されるようになりますが、変数が宣言されているスコープから離れている行では、変数の内容を確認することできません。そのため図5.Dのように「Cannot find local variable '変数名'」というメッセージが表示されます。これは、現在デバッグ中のスコープ内にローカル変数が見つからないということを示しています。

▼ 図5.D　変数の監視は変数のスコープ内でのみ有効

　変数のスコープとは、プログラムが変数を参照できる有効範囲のことです。ローカル変数が宣言された場所によってスコープが異なります。Javaでは、クラスやメソッド、制御構文などの「{ }」で囲まれたブロックと呼ばれるカッコ内に宣言されたローカル変数は、そのブロック内がスコープとなります。

第 6 章

リファクタリング

リファクタリングは、開発者にとってとても重要な作業です。ここでは IntelliJ IDEA 上の実際のリファクタリングについて具体例を基にして見ていくことにしましょう

本章の内容

6-1　リファクタリングの目的
6-2　サポートしているリファクタリング機能
6-3　リファクタリングを体験する

6-1 リファクタリングの目的

まずは、リファクタリングの必要性について考えながら、リファクタリングが誰にどのようなメリットを及ぼすのかについて明確にしていきましょう。

なぜリファクタリングが必要なのか

リファクタリング（refactoring）とは、現在動作しているプログラムの機能、仕様を保ちつつ、内部構造を見直すことです。しかし、リファクタリングは、新たな機能や操作を追加することではないため、システムの利用者（ユーザー）にとって表面的にわかるものではありません（図6.1）。

▼ 図6.1　リファクタリングはユーザーの目に見えない作業

開発者から見て、明らかにリファクタリングが必要なプログラムで作られたシステムをユーザーが利用していたとしても、プログラムの構造やソースプログラムは、ユーザーから見えないし、見えなくても業務に支障はないため、直接的な影響はありません。しかし、ユーザーの要望に伴う仕様変更によって、プログラムの改編が必要となった場合、内部構造に問題のあるプログラムは、下手に手を加えるとバグが発生する可能性もあり、拡張そのものが不可能となることもあり得るのです（図6.2）。

▼ 図6.2 リファクタリングはユーザーの目に見えない作業

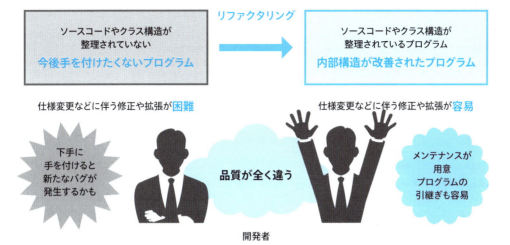

　家を建てる場合、老後の生活を考えて、あらかじめバリアフリーにしたり、足腰の負担を軽減するための間取りなどを設計することがあります。システムでも同様に、将来の拡張に備えた内部構造を保っておくことは重要です。特に企業向けのシステムでは、システムを利用する企業（ユーザー）をとりまく環境の変化に伴い、仕様変更や機能拡張が起こる可能性が高いため、ユーザーからの仕様変更等の依頼に即座に対応するためにも、リファクタリングが必要となるのです。

リファクタリングの目的

　リファクタリングは、ユーザーの要望に迅速に対応するためだけでなく、プログラムの品質を保つために重要な作業です。以下に、開発者にとってのリファクタリングの目的についてあげてみましょう。

プログラムの品質を向上させる

　メンテナンスが困難なプログラムに共通する点は、一般的に重複部分が多く、また、重複部分の記述が点在して、プログラムの構造が複雑になっていることが多いと言われています。さらに、重複部分が多ければ、ソースコードのボリュームも増えるため、読み解くには時間がかかり、生産性は著しく低下します。仮に現状のままのソースコードを読み解いて、修正や拡張を行えたとしても、ほとんどの場合、さらにメンテナンスが困難なプログラムと化してしまい、いずれは手を付けられないプログラムになってしまう可能性が高くなります。

　もしリファクタリングを行って、プログラム制作の早期から、ソースコードの構造を改善し

ていけば、プログラムの品質を高く保持することができるため、後の仕様変更に伴う修正や拡張も容易に行うことができます。

▌他者に理解してもらえるプログラムを作成する

例えすべてのプログラムを自分一人で作成したとしても、数か月後には、本人でさえ詳細を覚えていない処理が多々出現します。メンテナンスが困難なプログラムであれば、他者はもちろんのこと、作った本人さえ理解に苦しむソースコードになっていることが考えられます。

そこで、リファクタリングを行い、誰もがソースコードを容易に理解して、修正や拡張が可能な状態を保っておけば、作成者自身がいつでも理解できるだけでなく、担当を他者へ引き継ぐことも容易になり、いつまでも自分で作成したプログラムを抱えこむ必要はなくなります。

▌プログラム制作の生産性を向上させる

ソースコードの構造が改善され、誰が見てもわかりやすい内容になれば、結果的にデバッグにかける時間も軽減され、プログラムの制作時間を短縮させることが可能になります（**図6.3**）。

▼ 図6.3 リファクタリングによってプログラミング制作の生産性は向上する

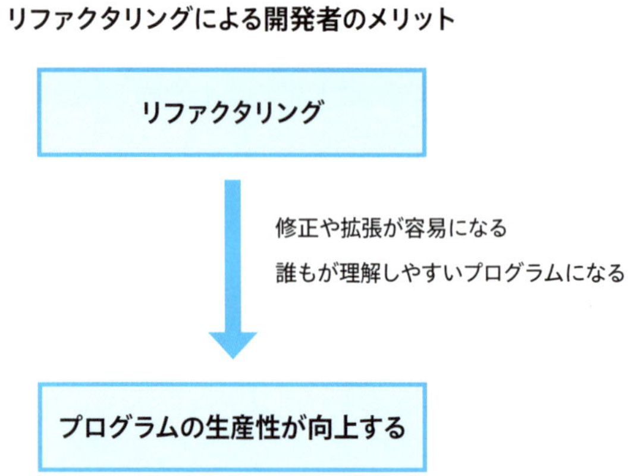

リファクタリングによる開発者のメリット

```
┌──────────────┐
│ リファクタリング │
└──────────────┘
       │  修正や拡張が容易になる
       │  誰もが理解しやすいプログラムになる
       ▼
┌──────────────────┐
│ プログラムの生産性が向上する │
└──────────────────┘
```

このようにリファクタリングの目的は、開発者にとってメリットとなる事柄ばかりであり、InteliJ IDEAに搭載されているリファクタリング機能を使いこなすことで、高い品質のプログラムを制作することが可能になります。

リファクタリングを実施すべきタイミング

それでは、どのようなタイミングでリファクタリングを実施すべきなのでしょうか？

以下に、リファクタリングを実施すべきタイミングについて、いくつかあげておきましょう。

同じ処理が3回出現したとき

米国のソフトウェア技術者で、リファクタリングに関する書籍でも有名なマーティン・ファウラー（Martin Fowler）氏は、リファクタリングを実施すべきタイミングの一つを、「Rule of three（3度目の法則）」という言葉で表現しています。つまり、同じ処理が3回出現したら、リファクタリングをすべきだということです。

前述したように、メンテナンスが困難なプログラムは、「重複部分が多い」わけですから、そのようなソースコードにならないよう、「Rule of three（3度目の法則）」を心がけましょう。

既存のプログラムに手を加えるとき

仕様変更などに伴い、既存のプログラムに手を加える機会がある場合、機能追加によって処理が重複したり、複雑にならないように、リファクタリングを試みましょう。もし、既存のプログラムがリファクタリングされていなければ、なおさら絶好のタイミングと言えるかもしれません。

ただし、ここで重要な注意点があります。先のマーティン・ファウラー（Martin Fowler）氏によれば、機能追加のタイミングでリファクタリングを行う際には、

「2つの帽子をかぶり直して作業を行う」

という注意です。つまり、

- 機能追加の作業時は、既存のコードを変更するなどといったリファクタリングを行わない
- リファクタリング作業の際は、機能追加を行わない

というように、「機能追加の帽子」と「リファクタリングの帽子」を使い分けて、機能追加とリファクタリングを同時に行わないように注意する必要があります。

プログラムと向き合うとき

バグ修正をするときや、他人にプログラムをレビューするときなどは、プログラムと向き合い、プログラムの内容を理解する必要があります。そのようなタイミングで、例えば、バグ修正をする前にあるいはプログラムをレビューする前に、リファクタリングを行うことをおすすめします。バグ修正時は、先にリファクタリングすることによって、バグが鮮明になり、修正がしやすくなります。また、リファクタリングによって洗練されたプログラムであれば、レビューもしやすくなります。

第6章　リファクタリング

> **COLUMN**　**リファクタリング作業の注意点**
>
> 　機能追加におけるリファクタリングでは、2つの帽子をかぶるなどといった注意事項がありましたが、他にもリファクタリング作業における注意点があります。
>
> ●**リファクタリング前後の挙動に違いがないか確認する**
> 　リファクタリング作業によって、プログラムの実行結果が変わることはありません。リファクタリング作業では、多かれ少なかれプログラムに変更を加えるため、リファクタリング作業によってバグが発生する可能性が皆無ではありません。したがって、リファクタリングの前の実行状態と、リファクタリング後の挙動に問題がないか、きちんと確認しておきましょう。
>
> ●**リファクタリング作業を小分けする**
> 　リファクタリング作業の対象は多岐にわたります。例えば、変数名やメソッド名を変更するといったリファクタリング作業を行った後は、必ずプログラムの動作確認を行い、問題がなければ、次のリファクタリング作業へ進むといった具合に、どこまでのリファクタリング作業が完了し、次はどのリファクタリング作業を行うのかをきちんと理解して進めるようにしましょう。
>
> ●**バックアップを取っておく**
> 　基本的なことですが、リファクタリング作業は万能ではないため、必ずバックアップを取ってから作業を進めてください。

6-2　サポートしているリファクタリング機能

　IntelliJ IDEAにはリファクタリングに必要な機能が多く搭載されています。しかし、まずはそれら機能がない場合について考えてみましょう。そして、その後に主なリファクタリング機能について見ていきましょう。

リファクタリング機能がないと

　後から変数名やメソッド名を変更する必要があった場合など、リファクタリング機能がなければ、該当箇所を手動で確認するか、エディターの「置換」機能で、名前を変更する作業が必要となります。IntelliJ IDEAでは、メインメニューの「編集（E）」→「検索（F）」→「置換（R）」では、現在エディター上に表示されているソースコードのみが対象となるため、他のファイルにある

クラスの該当箇所を置換することができず、エラーになってしまいます（図6.4）。

▼ 図6.4　通常の置換では、他のファイルまで置換できない

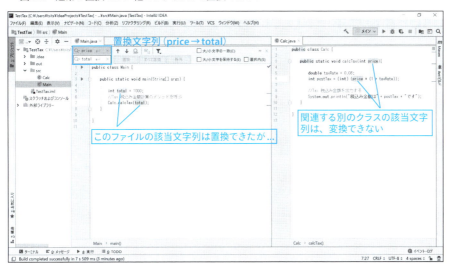

メインメニューの「編集（E）」→「検索（F）」→「パス内の置換（A）」を使えば、複数のソースコードをまたいで置換することが可能ですが、置換機能は、プログラムの構造などを認識しないため、変更したくない箇所も一律で置換してしまう可能性があります（図6.5）。

▼ 図6.5　エディターの置換機能では、プログラムの構造を理解せず置き換える

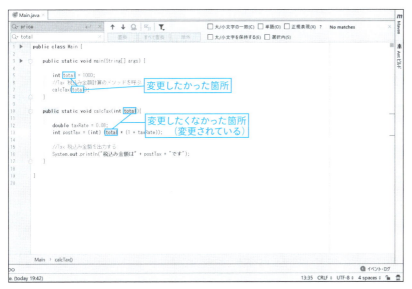

「すべて置換（A）」ボタンを使わずに、1箇所ずつ置換していく方法もありますが、該当箇所がたくさんある場合は、目視が必要となるため、とても手間がかかります。

IntelliJ IDEAがサポートしているリファクタリング機能

まずは、IntelliJ IDEAのメニューにあるリファクタリング機能の一部を具体例とともに見ていくことにしましょう。なお、2019年10月現在、Scalaでは、「名前変更」「移動」「コピー」などの一部のリファクタリング機能のみをサポートしています。

名前変更（Rename： Shift + F6 ） Java / Scala 対応

前述のように、エディターの置換機能で変数名やメソッド名を変更することは可能であるものの、プログラムのボリュームが多いと、バグを生み出すもととなりかねません。そこで、リファクタリング機能にある名前変更を利用すれば、変数名やメソッド名だけでなく、プロジェクト名やパッケージ名も変更することが可能です。

ここでは、変数名の変更を例に、リファクタリングの手順を紹介しましょう。

COLUMN　文字列の下に緑の波線

IntelliJ IDEAでは、変数が英単語でない場合などに、該当する文字列の下に緑の波線が付きます（図6.A）。また、その文字列にマウスを合わせると、次のような「タイポ」から始まるメッセージが表示されます（図6.B）。なお、「タイポ（typo）とは「typographical error」のことで、タイプミスや誤変換を意味します。

▼図6.A　緑の波線が表示される

```
public static void main(String[] args) {
    int tanka = 1000;
    //Tax 税込み金額計算のメソッドを呼ぶ
    calcTax(tanka);         緑の波線が…
}
```

▼図6.B　マウスを合わせると「タイポ」ではじまるメッセージが表示される

```
public class Main {

    public static void main(String[] args) {

        int tanka = 1000;
        //Tax 税込み金額計算のメソッドを呼ぶ
        タイポ: In word 'tanka' more... (Ctrl+F1)

    public static void calcTax(int p) {

        final double TAX_RATE = 0.08;
        int postTax = (int) (p * (1 + TAX_RATE));

        //Tax 税込み金額を出力する
        System.out.println("税込み金額は" + postTax + "です");
    }
}
```

次に、「tanka」という名の変数を「price」へリファクタリングする手順をあげておきます。また、リファクタリング作業を効率よく進めることができるショートカットキーも紹介しておきましょう。

1. 変更したい変数名を範囲選択して、IntelliJ IDEAのメインメニューから「リファクタリング（R）」→「名前変更（R）」を選択します（図6.6）。

▼ 図6.6　メインメニューから「名前変更（R）」を選択する

ONEPOINT
　変更したい変数名は、範囲選択する以外に、ダブルクリックするか、カーソルを合わせておくだけでも選択したことになります。

2. 変更する変数名の候補が表示されるので、候補の中から選択してください（図6.7）。

▼ 図6.7 変更する変数名の候補が表示される

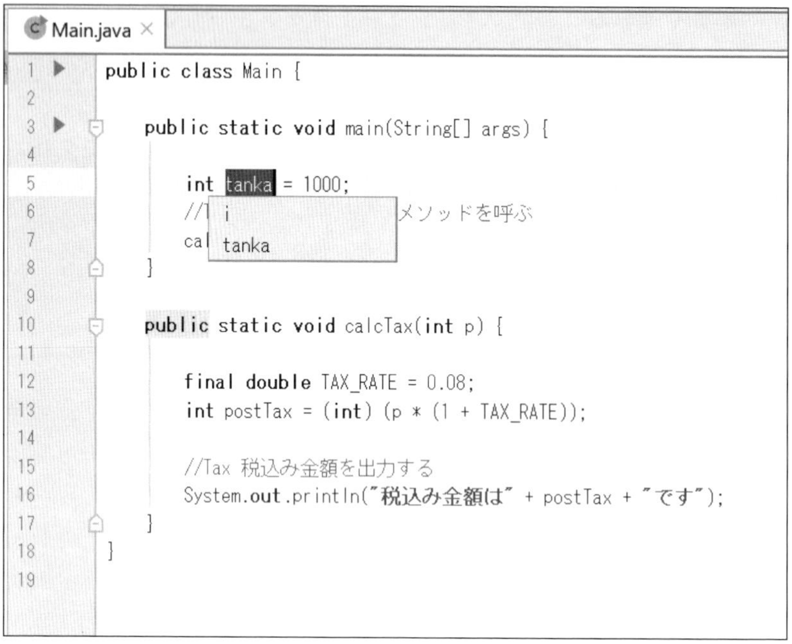

```
public class Main {

    public static void main(String[] args) {

        int tanka = 1000;
        //T  i           メソッドを呼ぶ
        cal tanka
    }

    public static void calcTax(int p) {

        final double TAX_RATE = 0.08;
        int postTax = (int) (p * (1 + TAX_RATE));

        //Tax 税込み金額を出力する
        System.out.println("税込み金額は" + postTax + "です");
    }
}
```

　該当するものがない場合は、直接任意の変数名を入力するか、 Shift + F6 キーを押して、「名前変更」ダイアログボックスから変更することも可能です（図6.8、図6.9）。

▼ 図6.8 ダイアログボックスからの変更も可能

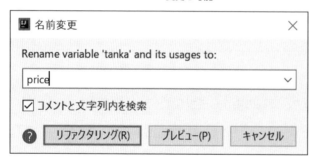

> ONEPOINT
> 　リファクタリングメニューにある「ファイルの名前変更」では、ファイル名のみが変更できます。ファイル名に関連するクラス名は変更されません。

6-2 サポートしているリファクタリング機能

▼ 図6.9　変数名が変更された

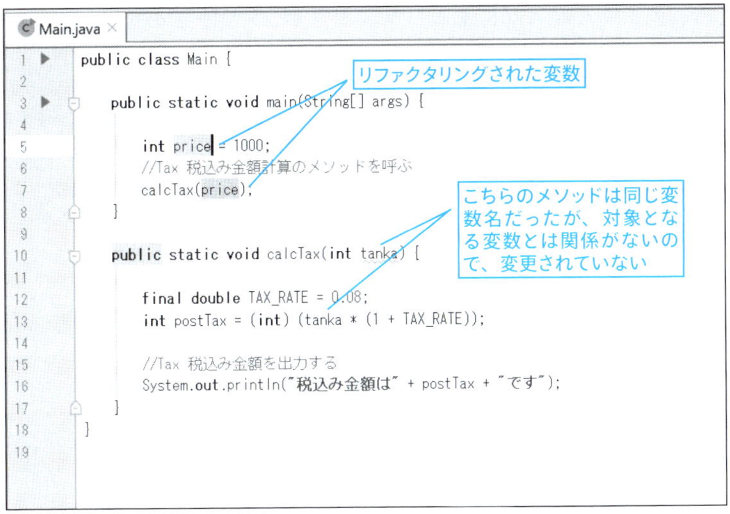

```java
public class Main {

    public static void main(String[] args) {

        int price = 1000;
        //Tax 税込み金額計算のメソッドを呼ぶ
        calcTax(price);
    }

    public static void calcTax(int tanka) {

        final double TAX_RATE = 0.08;
        int postTax = (int) (tanka * (1 + TAX_RATE));

        //Tax 税込み金額を出力する
        System.out.println("税込み金額は" + postTax + "です");
    }
}
```

（注釈）リファクタリングされた変数／こちらのメソッドは同じ変数名だったが、対象となる変数とは関係がないので、変更されていない

　リファクタリングでは、対象となる変数と同じ名前のものが他にあったとしても、関連性のないものは変更されません。図6.9では、「calcTax」メソッド内の引数や変数の名前が、リファクタリング対象の変数名と同じですが、変更されていないことがわかります。

　ところで、先の図6.8で示したダイアログボックスにある「プレビュー (P)」ボタンをクリックすると、IntelliJ IDEAの下欄に「リファクタリング・プレビュー」ウィンドウが表示され、リファクタリング実行前にリファクタリング対象となる箇所が確認できます（図6.10）。

　リファクタリングする場合は、「リファクタリング実行 (D)」ボタンをクリックしてください。

▼ 図6.10　「リファクタリング・プレビュー」ウィンドウ

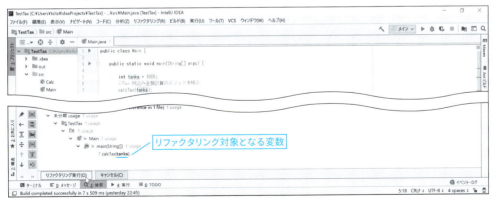

235

シグネチャーの変更（Change Signature：Ctrl＋F6） Java／Scala 対応

シグネチャー（Signature）とは、クラスの宣言部にあるパラメータや、メソッドの名前、メソッドの引数の数や型の構成を意味します。

以下に、メソッドのシグネチャーを変更する手順をあげておきましょう

1. メソッドの呼び出し部分か宣言部分のいずれかにカーソルを置きます（図6.11）。

▼図6.11 メソッドにカーソルを置く

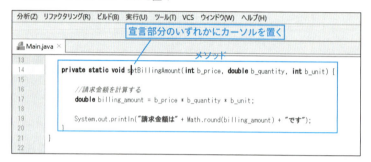

2. IntelliJ IDEAのメインメニューから「リファクタリング（R）」→「シグネチャーの変更（G）」を選択します。
3. 「シグネチャーの変更」ダイアログボックスが表示されたら、変更したい部分を直接編集してください（図6.12）。「リファクタリング（R）」ボタンでリファクタリングが実行できます。

▼図6.12 「シグネチャーの変更」ダイアログボックス

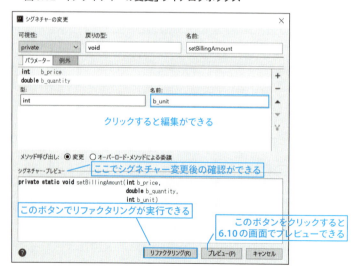

236

> **ONEPOINT**
> 手順 3 の「プレビュー（P）」ボタンをクリックすれば、図6.10で示したように、メイン画面の下欄でプレビューができます。

「リファクタリング（R）」ボタンでリファクタリングが実行できます（図6.13）。

▼ 図6.13　シグネチャーが変更された例

移動（Move：F6）とコピー（Copy：F5） Java ／ Scala 対応

「移動」では、クラス内のメソッドやフィールドなどを、他のクラスへ移動することができます（図6.14）。「コピー」では、別のパッケージにクラスのコピーを作成することなどが可能です。

▼ 図6.14　クラスを移動する例でのダイアログボックス

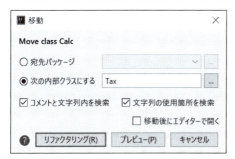

> **ONEPOINT**
> 移動の具体例は、P.260で取り上げています。

■ 安全な削除（ Alt ＋ Delete ） Java ／ Scala 対応

クラスやメソッドなどを削除した際に、参照していた他の部分が影響してエラーとならないように、参照関係を考慮した安全な削除ができます（図6.15）。

▼ 図6.15　安全な削除ダイアログボックス

なお、クラスやファイルを Delete キーで削除しようとした際にも、図6.16に示すようなメッセージが表示され、「安全な削除」の操作を促すようになっています。

▼ 図6.16　通常の削除を行った際でも次のダイアログボックスが表示される

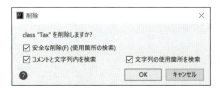

> ONEPOINT
> 削除のリファクタリングでは、図6.10で示したプレビュー画面が表示されるので、画面内の「リファクタリング実行（D）」ボタンをクリックしてください。

■ 変数の抽出（ Ctrl ＋ Alt ＋ V ） Java ／ Scala 対応

リファクタリングを使えば、複雑な式や冗長な式を抽出して変数として定義し、ソースコードを整理することも可能です。以下のコードを元にローカル変数を抽出する手順をあげておきましょう

```
int totalprice = (int) (price - price * (1 - discount));
```

① 次の図6.17で示した部分を範囲指定して、「リファクタリング（R）」→「抽出（X）」→「変数（V）」を選択します。

6-2 サポートしているリファクタリング機能

▼ 図6.17 変数を抽出する元になる式の部分

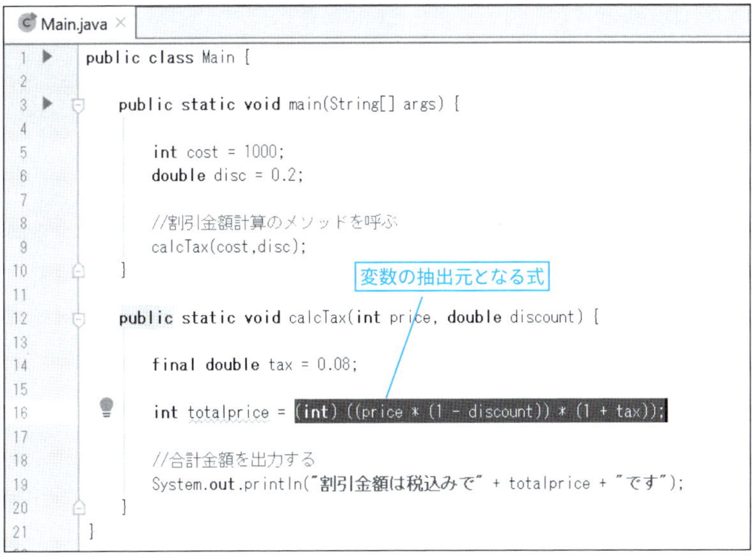

```java
public class Main {

    public static void main(String[] args) {

        int cost = 1000;
        double disc = 0.2;

        //割引金額計算のメソッドを呼ぶ
        calcTax(cost,disc);
    }

    public static void calcTax(int price, double discount) {

        final double tax = 0.08;

        int totalprice = (int) ((price * (1 - discount)) * (1 + tax));

        //合計金額を出力する
        System.out.println("割引金額は税込みで" + totalprice + "です");
    }
}
```

変数の抽出元となる式

2　ソースコード上で変数の候補が表示されるので、必要に応じて、「finalの宣言」や「Declare with var（変数をvar宣言する）」にチェックを付けてください（図6.18）。

▼ 図6.18 ソースコード上に変数の候補が表示される

```java
        //割引金額計算のメソッドを呼ぶ
        calcTax(cost,disc);
    }

    public        Tax(int price, double discount) {

              .08;

        final int afterdiscount = (int) ((price * (1 - discount)) * (1 + tax));
        int totalprice = afterdiscount;

        //合計金額を出力する
        System.out.println("割引金額は税込みで" + totalprice + "です");
    }
}
```

☑ final の宣言
☐ Declare var type

var も利用できる

この式を変数として抽出した

抽出した変数が使用されている部分

239

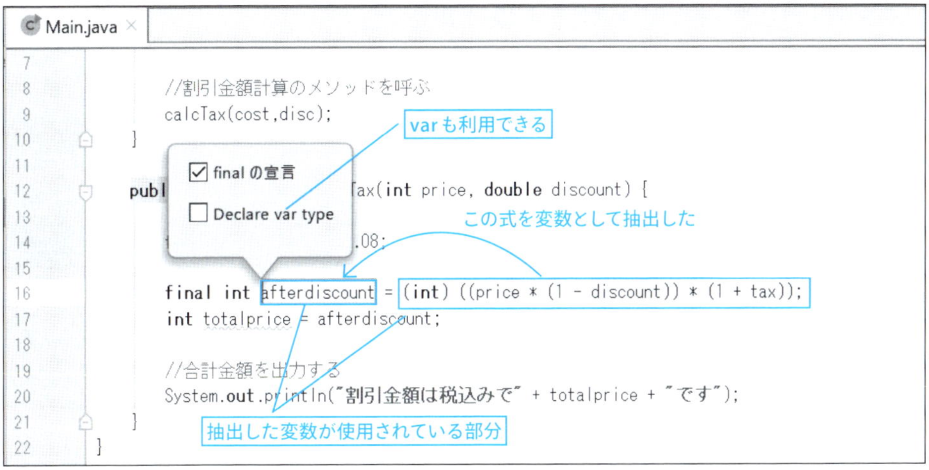

> **ONEPOINT**
> 変数名は自動生成されますが、直接編集することで、任意の名前に変更できます。もし、元の状態に戻したい場合は、Ctrl + Z を何度か押してください。

メソッドの抽出（Ctrl + Alt + M） Java / Scala 対応

冗長な処理などは関数にしておくとソースコードがすっきりするだけでなく、処理の変更時でも効率よく作業できることはよく知られています。リファクタリングの抽出メニューでは、処理を関数として抽出することが可能です。

以下の処理を関数として抽出する例をあげておきましょう。

```
//合計金額を算出する
int totalprice = (int) ((price * (1 - discount)) * (1 + tax));

//合計金額を出力する
System.out.println("割引金額は税込みで" + totalprice + "です");
```

1. メソッドにしたい元のコードを範囲選択し、「リファクタリング（R）」→「抽出（X）」→「メソッド（M）」を選択します。
2. 「メソッドの抽出」ダイアログボックスが表示されたら、「名前:」欄にメソッド名を入力して、「リファクタリング（R）」ボタンをクリックします（図6.19）。

▼ 図6.19 「メソッドの抽出」ダイアログボックス

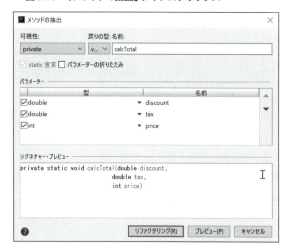

これでメソッドが抽出されました（**図6.20**）。なお、「メソッドの抽出」ダイアログボックス内のパラメータ編集等の具体例については、P.249で取り上げています。

▼ 図6.20　メソッドを抽出した例。

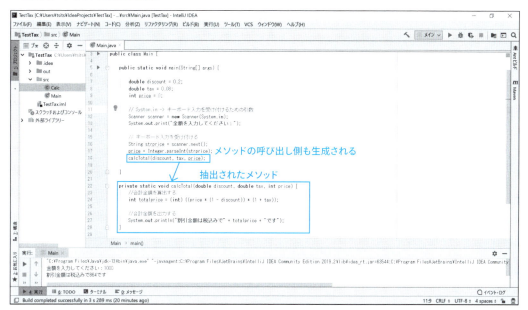

定数の導入（Ctrl + Alt + C ） Java 対応

定数の導入とは、ソースコード内にある数値や文字列を一度設定したら変更できない「静的なfinalフィールド」に変換するリファクタリングです。なお、2019年10月現在Scalaには対応していません。

以下に簡単な例をあげておきましょう。

1. 定数の導入対象となる数値や文字列にカーソルを置きます（**図6.21**）。

▼ 図6.21　定数の導入対象となる数値や文字列にカーソルを置く

```
public static void main(String[] args) {

    double discount = 0.2;
    double tax = 0.08;
    int price = 0;
```

2. IntelliJ IDEAのメインメニューから「リファクタリング（R）」→「抽出（X）」→「定数の導入（C）」

第6章　リファクタリング

をクリックします。

3 自動的に定数が導入されるので、Enterキーで確定します（図6.22）。

▼ 図6.22　定数が導入されるので、Enterキーで確定する

> ONEPOINT
> 自動的に生成された定数名を直接編集して任意の文字列に変更することも可能です。

図6.23は、2つの変数を定数に変更した例です。

6-2 サポートしているリファクタリング機能

▼ 図6.23 2つの変数を定数に変更した例

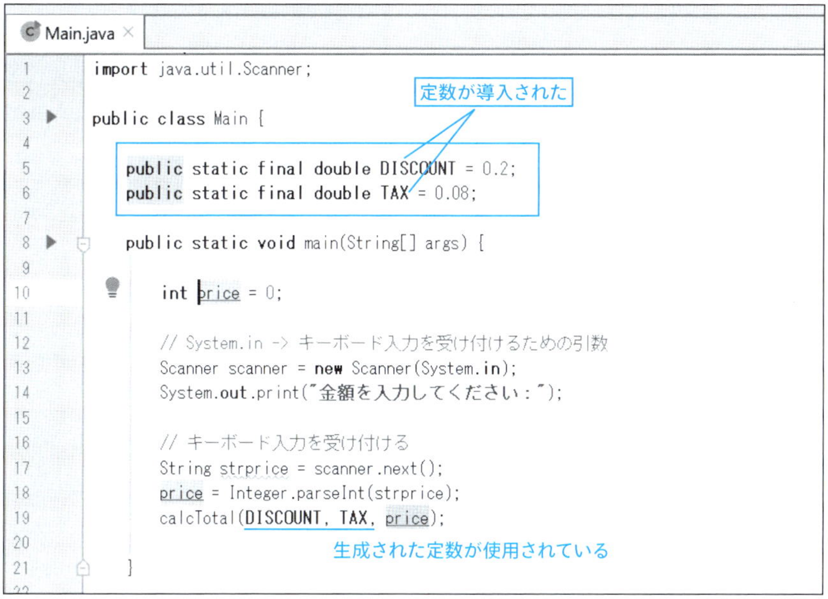

インライン化（Inline： Ctrl + Alt + N ） Java / Scala 対応

インライン化は、前述のメソッドの抽出とは相対的なリファクタリングです。あえてメソッドのコードを内部に展開すると効果的な場合には、インライン化を行います。以下に、メソッドをインライン化する手順について紹介しましょう。

```java
private static void calcTotal(double discount, double tax, int price) {

    //合計金額を算出する
    int totalprice = (int) ((price * (1 - discount)) * (1 + tax));

    //合計金額を出力する
    System.out.println("割引金額は税込みで" + totalprice + "です");

}
```

1. 対象となるメソッド（ここではcalcTotal）の宣言部分にカーソルを置き、IntelliJ IDEAのメインメニューから、「リファクタリング（R）」→「インライン化（N）」を選択します。

2. 「メソッドのインライン化」メッセージボックスが表示されるので、「Inline all and remove the method（すべてをインライン化してメソッドを削除する）」を選択して、「リファクタリング（R）」ボタンをクリックしてください（図6.24）。

243

第6章　リファクタリング

▼ 図6.24　「メソッドのインライン化」ダイアログボックス

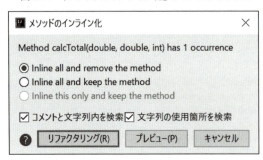

インライン化を実行すると、図6.25のようにメソッドのコードを内部に展開することができます。

▼ 図6.25　メソッドをインライン化した例

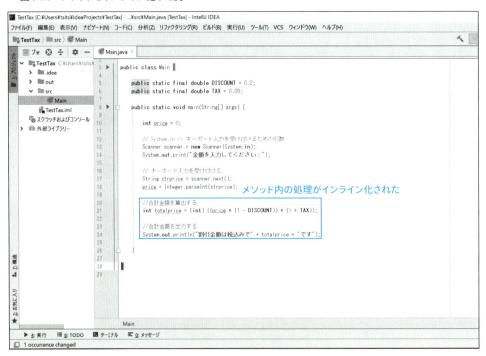

COLUMN　JavaとScalaのリファクタリングメニューについて

前述のように、Javaのリファクタリングメニューに存在するものが、Scalaにないというケースがありますが、単に現時点でScala側に対応していない項目が多いというだけの理由ではありません。図6.Cを見てみましょう。

▼ 図6.C　JavaとScalaの「抽出」メニュー

Javaのリファクタリングメニュー

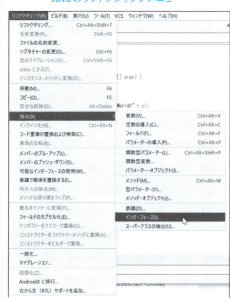

Scalaのリファクタリングメニュー

図6.Cでは、JavaとScalaそれぞれのリファクタリングメニューにある「抽出」メニューを並べています。メニューを見比べると、単にScalaの方が少ないだけではなく、例えばScalaの方にだけ、「トレイト」という機能に関するリファクタリングメニューがあります。トレイトは、Scalaのプログラミングにおいて、クラス間でインターフェースとフィールドを共有するために使うもので、Javaのインターフェースに似た機能です。

Javaには、トレイトという機能がない代わりにインターフェースが存在します。このように、プログラム言語それぞれが持つ機能によってリファクタリングメニューが異なる箇所も存在します。

6-3 リファクタリングを体験する

最後に、前述したリファクタリング機能を、連続的に使用するなどといった、実践的な作業を通じて紹介していきます。

 実践的なリファクタリングを行う

それでは、実践的な事例を紹介しましょう。まずは、今回のリファクタリング対象となるソースプログラム（**リスト6.1**）と、作業の簡単な流れ（**図6.26**）をあげておきます。

▼ リスト6.1　リファクタリング対象となるソースプログラム

```java
public class Main {

  public static void main(String[] args) {

    int y = 2020; //西暦年
    int m = 2;    //月
    int d = 1;    //日


    if (m == 1 || m == 3 || m == 5 || m == 7 || m == 8 || m == 10 || m == 1){11:  // 31日の月か?
        d = 31;
    } else if (m == 2) {
        // 2月か? 閏年か?
        if ((y % 4) == 0 && (y % 100 != 0 || y % 400 == 0)) {
            d = 29;
        } else {
            d = 28;
        }
    } else if (m == 4 || m == 6 || m == 9 || m == 11) {
        // 30日の月か?
        d = 30;
    } else {
        System.out.println("該当する年月がありません!");
    }
    System.out.println("その月の日数は" + d + "です!");
  }

}
```

6-3 リファクタリングを体験する

▼ 図6.26　今回のリファクタリングの流れ

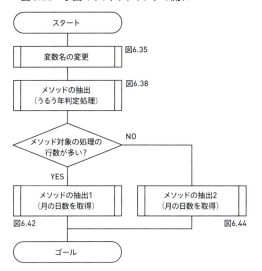

変数名を変更する

　それでは、**図6.26**で示した名前変更から始めていきましょう。リファクタリングの名前変更はこれまで紹介してきたとおりですが、以下に「月」の変数名「m」を「month」に変更する際の様子をあげておきましょう。なお、ここでは、リファクタリングのメニューを右クリックのショートカットメニュー主体で紹介しています。

1　変更したい変数名にカーソルを置き、IntelliJ IDEAのメインメニューか、右クリックのショートカットメニューから「リファクタリング（T）」→「名前変更（N）」を選択します（**図6.27**）。

▼ 図6.27　変更したい変数名を選択してリファクタリング開始

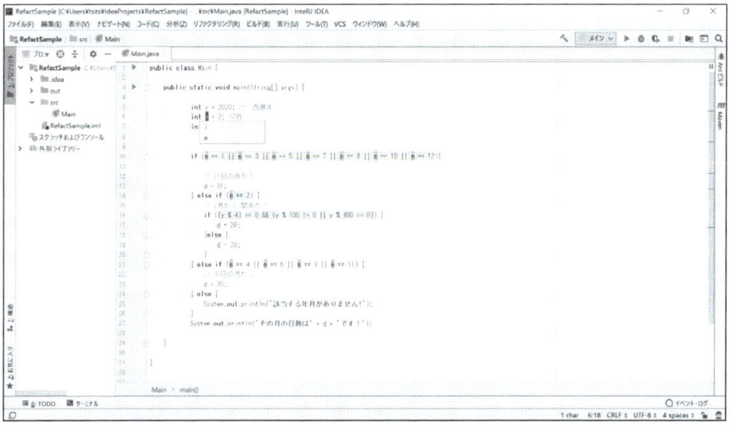

247

2 エディター上に変数名の変更候補が表示されますが、候補以外の変数名にしたい場合は、直接変数名を入力して、Enterキーを押下するか、Shift + F6 キーを押して、「名前変更」ダイアログボックスで変数名を入力して、「リファクタリング(R)」ボタンをクリックしてください（図6.28）。

▼ 図6.28 「名前変更」ダイアログボックス

同様の手順で、西暦年と日も以下のようにリファクタリングした結果が図6.29です。

- y → year
- d → days

▼ 図6.29 年月日の変数すべてをリファクタリングした結果

6-3 リファクタリングを体験する

> **ONEPOINT**
> 今回の変数名の変更などは、エディター上で変更後の名前に打ち換えて、[Enter]キーを押すと、素早く変更ができます

メソッドを抽出する

次は、うるう年の計算部分だけをメソッドにしてみます。

1. うるう年の計算部分を範囲選択します。
2. ショートカットメニューから「リファクタリング（R）」→「抽出（X）」→「メソッド（M）」を選択します（図6.30）。

▼ 図6.30　閏年の計算部分を範囲選択して、ショートカットメニューを開く

3. 「メソッドの抽出」ダイアログボックスでは、「名前：」欄にデフォルトのメソッド名が設定されていますが、ここでは「leapYear」と入力し直して、あとは、デフォルトのままで、「リファクタリング（R）」ボタンをクリックするか、「プレビュー（P）」ボタンをクリックして、プレビューを確認してください（図6.31）。

249

▼ 図6.31 「メソッドの抽出」ダイアログボックス

図6.32は、「メソッドの抽出」ダイアログボックスで「プレビュー（P）」ボタンをクリックした場合のプレビューの具体例です。

▼ 図6.32 「プレビュー」の例

ここで一度年月日の値を変更して、プロジェクトを実行させ、実行結果に問題がないか確認しておきましょう（図6.33）。

▼ 図6.33 うるう年の年月で実行した結果

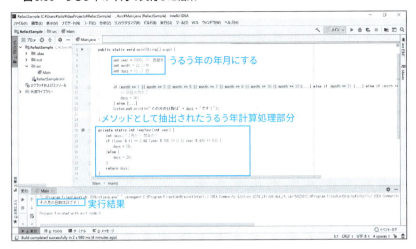

範囲選択の違いによるメソッドの抽出1

さらに、月の日数を計算する部分についても、メソッドとして抽出しましょう。なお、今回のケースでは、メソッド元となる範囲をどこまでにするかで、結果が異なります。そこで、先にメソッドの仕様をあげ、手順の少ない例とそうでない例の2パターンを紹介していきます（図6.34）。

▼ 図6.34 今回のメソッドの抽出について

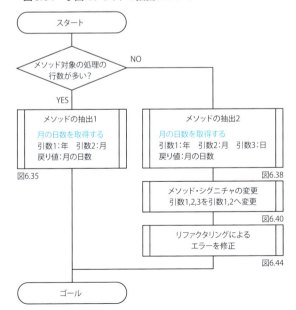

第6章　リファクタリング

1. 月の日数を計算している部分を**図6.35**のように範囲選択します。

▼ 図6.35　日数用の変数行から日数の出力行の一行前までを範囲選択する

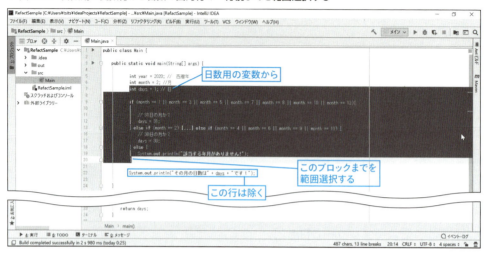

2. ショートカットメニューから「リファクタリング（R）」→「抽出（X）」→「メソッド（M）」を選択します。

3. 「メソッドの抽出」ダイアログボックスでは、デフォルトのメソッド名が設定されていますが、ここでは「chkDays」と入力し直して、あとは、デフォルトのままで、「リファクタリング（R）」ボタンをクリックするか、「プレビュー（P）」ボタンをクリックして、プレビューを確認してください（**図6.36**）。

▼ 図6.36　「メソッドの抽出」ダイアログボックス

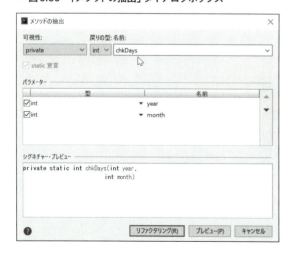

6-3 リファクタリングを体験する

> **ONEPOINT**
> 「プレビュー（P）」ボタンで、プレビューを確認した場合は、図6.28で示したプレビューウィンドウ上にある「リファクタリング実行」ボタンでリファクタリングが行えます。

図6.37が月の日数を計算している部分をメソッドとして抽出した結果です。

▼ 図6.37　月の日数を計算している部分をメソッドとして抽出した

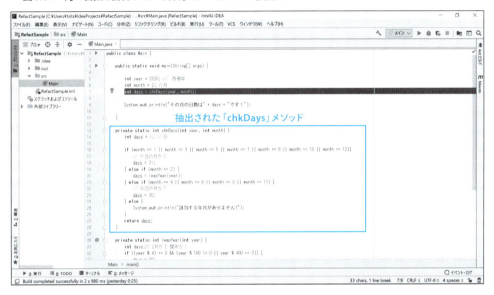

範囲選択の違いによるメソッドの抽出2

次に、先の例よりも1行少ない範囲指定を行ったケースを紹介します。

1. 月の日数を計算している部分を図6.38のように範囲選択してください（図6.35よりも1行下から範囲選択している）。

第6章 リファクタリング

▼ 図6.38　日数用の変数行の1行下から日数出力行の1行前までを範囲選択する

　P.252の手順と同様に、メソッドの抽出メニューからリファクタリングを進めた結果を図6.39に示します。

▼ 図6.39　今回のリファクタリングによるメソッド抽出の結果

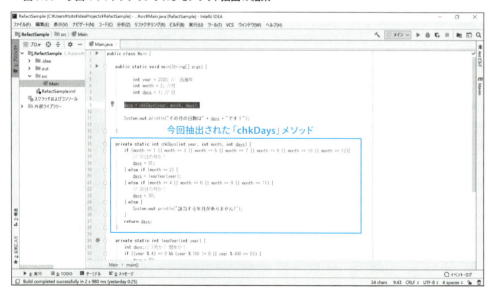

メソッド・シグニチャの変更

図6.37の結果と異なるのは、メソッドの引数の数です。そこで、「メソッドの抽出1」と同じになるようリファクタリングを続けてみましょう。以下の手順で、リファクタリングによって、メソッドの引数や戻り値を変更することが可能です。

1. リファクタリングしたいメソッドの名前部分にカーソルを置くか、メソッド名を範囲選択します。
2. IntelliJ IDEA のメインメニューから、「リファクタリング（R）」→「シグネチャーの変更（G）」を選択して、ダイアログボックスを表示させます（図6.40）。

▼ 図6.40　メソッドを選択して「シグネチャーの変更」ダイアログボックスを表示

3. 「メソッド・シグニチャの変更」ダイアログボックスでは、「パラメータ」タブにある3つ目の引数「days」の行を選択して、「－」ボタンをクリックします（図6.41）。

▼ 図6.41　「−」ボタンで引数「days」の行を削除する

先のダイアログボックスで「リファクタリング(R)」ボタンをクリックすると、次の画面では「検出された問題」ダイアログボックスが表示されますが、後で対応するため、ひとまず「継続(C)」ボタンをクリックします(**図6.42**)。

▼ 図6.42　「検出された問題」が表示されるが、「継続(C)」ボタンで進む

削除した引数に関係する変数部分が赤字でエラー表示されていることが確認できます（**図6.43**）。

▼ 図6.43 削除した引数に関係する変数が赤字になっている

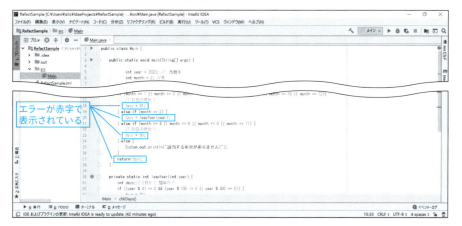

リファクタリングによるエラーの修正

それでは、先の赤字で表示されている変数を修正していきましょう。赤字の変数daysのいずれかにカーソルを置くと、その行の左側に赤い電球マークが表示されるので、電球マークをクリックして、表示された修正候補から「Create local variable 'days'」を選択してください（**図6.44**）。

▼ 図6.44 電球マークから修正候補を選択する

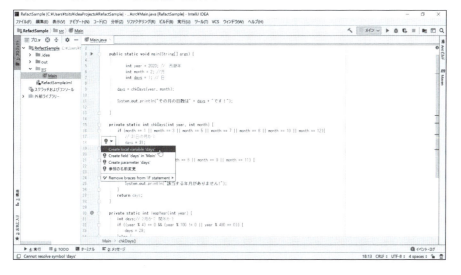

次に、生成された変数のデータ型を選択するリストが表示されるので、intを選択します（**図6.45**）。

▼ 図6.45　生成された変数のデータ型としてintを選択する

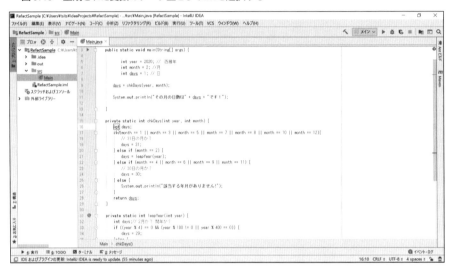

次に、赤い波線が表示されている行をクリックすると、先ほど生成した変数が初期化されていない旨のメッセージが表示されるため（**図6.46**）、変数をダブルクリックして、**図6.47**で示した手順で初期値を設定してください。

▼ 図6.46　赤い波線が表示されている行

図6.47　生成した変数の初期値を設定する

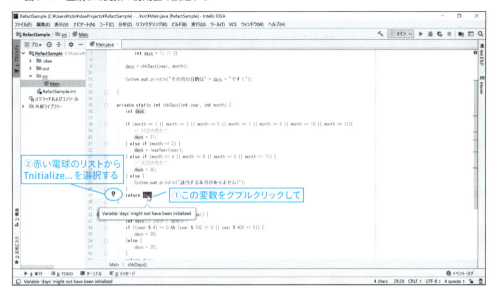

　これで先に取り上げた「メソッドの抽出1」のリファクタリング結果とほぼ同じ構成結果になります（**図6.48**）。

図6.48　先の例とほぼ同じ結果になった例

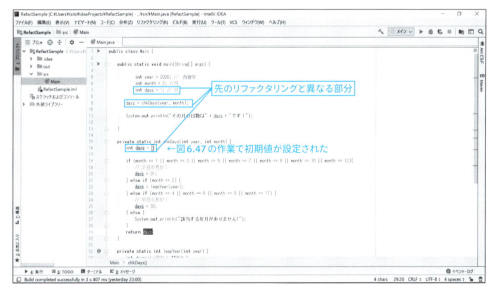

メソッドを外部クラスへ移動する

次に、リファクタリングによって抽出された、うるう年の計算メソッドと日数計算のメソッドを外部クラスにする手順を紹介します。なお、日数計算のメソッドは作業手順の少ない「メソッドの抽出1」の方を利用します。

1. Mainクラス内の外部クラスに移動させたいメソッドのいずれかにカーソルを置くか、メソッドを範囲選択します。
2. IntelliJ IDEAのメインメニューか、右クリックのショートカットメニューから、「リファクタリング（R）」→「移動（M）」を選択します。
3. 「メンバーの移動」ダイアログボックスが表示されたら、「To（完全修飾名）：」欄に移動先となるクラスの名前（ここではCalc）を入力してください（図6.49）。

▼ 図6.49　「メンバーの移動」ダイアログボックス

ONEPOINT

移動先のクラスが存在しない場合は、入力したクラス名が赤字になり、電球マークが表示されるので、電球マークからクラスを作成することもできます。

④ 手順③の「移動するメンバー」欄では、外部クラスに移動させたいメソッドにチェックを付け、「リファクタリング (R)」ボタンをクリックします。
⑤ 移動先のクラスが存在しない場合は、作成する旨の次のメッセージが表示されるので、「はい (Y)」ボタンをクリックしてください (図6.50)。

▼ 図6.50　クラスを作成する旨のメッセージ

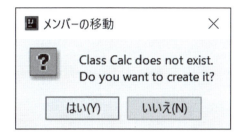

これで、選択したメソッドを外部のクラスに移動させることができました。元のクラスでは、移動先のメソッドが利用できるよう、コードが変更されています (図6.51)。

▼ 図6.51　メソッドを外部のクラスに移動した例

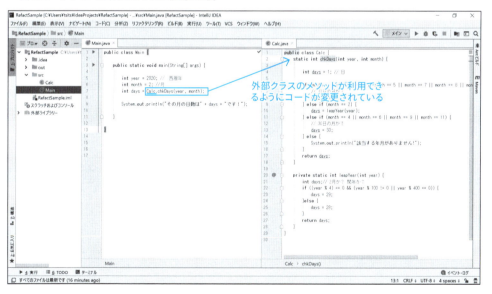

リファクタリングによるクラスの継承

先の外部クラス「Calc」クラスをスーパークラス (親クラス) として、「Calc」クラスを継承し、

継承したスーパークラスが持つメソッド（ここではchkDaysとleapYearメソッド）を利用するといったリファクタリングも可能です。以下に、リファクタリングによる継承の例をあげておきましょう。

1. エディターウィンドウ内の外部クラスに移動させたいメソッドの一つにカーソルを置きます（または、エディター上のメソッドを範囲選択します）。
2. IntelliJ IDEAのメインメニューか、ショートカットメニューから「リファクタリング（R）」→「抽出（X）」→「スーパークラスの抽出（U）」をクリックします（図6.52）。

▼ 図6.52　外部クラスに移動させたいメソッドを選択する

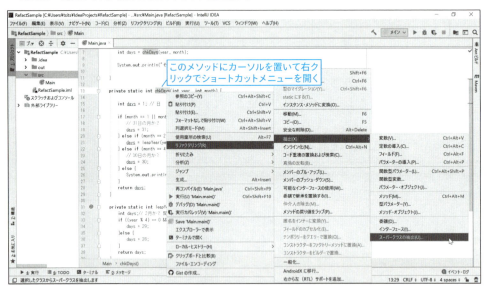

3. 「スーパークラスの抽出」ダイアログボックスが表示されたら、「スーパークラス名：」欄にスーパークラスの名前（ここではCalc）を入力して、「スーパークラスを形成するメンバー」欄では、スーパークラスに移動させたいメソッド（ここではchkDaysとleapYear）にチェックを付けて、「リファクタリング（R）」ボタンをクリックしてください（図6.53）。

▼ 図6.53 「スーパークラスの抽出」ダイアログボックス

4 「使用箇所の分析と置換」メッセージが表示されたら、「はい（Y）」ボタンをクリックして次へ進みます（図6.54）。

▼ 図6.54 「使用箇所の分析と置換」メッセージ

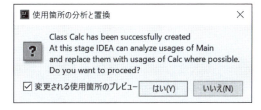

5 「可能なインターフェースの使用」メッセージでは「OK」ボタンをクリックしてください（図6.55）。

▼ 図6.55 「可能なインターフェースの使用」メッセージ

これで、CalcクラスをスーパークラスとしてC継承したMainクラスという構成のプロジェクトが完成しました（図6.56）。

▼ 図6.56　スーパークラスを継承してメソッドを利用する構成とした例

第 **7** 章

IntelliJ IDEA の
テスト手法

ソフトウェアは、テスト工程で決められた一定の基準を満たす必要があります。また、品質の高いソフトウェアは、いくつのテスト基準をクリアーしたものであると言えます。7章では、IntelliJ IDEA に搭載されているテストツールの紹介と具体的な利用例についてとりあげています。

本章の内容

7-1　テスティングの目的

7-2　JUnit による基本テスト

7-3　JUnit によるテスティングを体験する

7-4　Specs2 と ScalaTest の基本

第7章　IntelliJ IDEAのテスト手法

7-1　テスティングの目的

まずは、ソフトウェア開発におけるテストの役割と、その重要性について紹介していきましょう。

 ソフトウェア開発におけるテスト

ソフトウェア開発におけるテストは、1回限りではなく、開発の局面において、異なる種類のテストが存在します。また、ソフトウェア開発の工程では、「プログラミング（コーディング）」工程を折り返しとして、左側に設計工程、右側にテスト工程をV字に配置するV字モデルが知られています（図7.1）。

▼図7.1　V字モデル

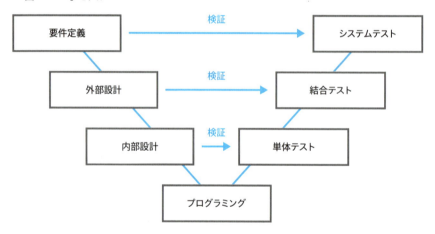

V字モデルにあげられている3つのテストの概要は以下の通りです。

- 単体テスト
　ソースプログラムのメソッドに代表される、個々の機能が正常に動作しているかどうかをテストします。

- 結合テスト
　単体テストを経たモジュールやプログラムを、結合した際に正常に動作するかどうかをテストします。

- システムテスト
  構築したシステムが、仕様通りの機能を満たし、正常に動作するかどうかをテストします。

JUnitによるテストのメリット

　先のテストの種類のうち、IntelliJ IDEAで利用できるJUnitテストは、単体テストに相当します。単体テストは、コーディング終了後、文法エラーなどの物理エラーを解決させた後に、メソッドなどが仕様通りに機能するかどうかを確認するためなどに行います。

　IntelliJ IDEAには、JUnitと呼ばれるJavaアプリケーション用の単体テストツールが標準で搭載されており、JUnitによるテストには以下のメリットがあります。

- テストに要する工数が削減できる
  後述するテストケースは体系化されており、一度作成したテストケースは何度も利用可能であるため、テストにかける工数を削減することができます。

- 仕様やソースプログラムの機能が明確になる
  前任者などから十分な引継ぎを受けられなかったなどの理由で、仕様やソースプログラムが不明確でも、テストケースを作り、実行していくことで、仕様やプログラムの機能が明確になります。

- コード変更による退行を防ぎ、リファクタリングを促進させる
  開発者の間には、「動いているプログラムは触るな」という標語のようなものがあります。しかし、JUnitによるテストでは、もしソースコードを変更した結果、退行があったとしても、すぐに発見して修正することができます。また、退行のリスクが軽減できることがわかれば、**6章**で紹介したリファクタリングも臆することなく実施することができます。

> **ONEPOINT**
> 　退行は、デグレード（degrade）とも呼ばれ、修正した後の品質が、修正前より悪くなることを指します。

JUnitの観点はホワイトボックステスト

　単体テストは、一般的に以下のホワイトボックステストとブラックボックステストに大別できます。

- ブラックボックステスト
テスト対象となるソースコードの処理を意識せずに、メソッドの仕様などからテストケースを作成してテストする

- ホワイトボックステスト
テスト対象となるソースコードの処理を意識し、テストケースを作成してテストする

JUnitによるテストは、テスト対象となるソースコード内部の分岐や繰り返しなどの処理を考慮して、テストケースを作成するため、どちらかといえばホワイトボックステストに分類されます（図7.2）。

▼ 図7.2　ホワイトボックステストとブラックボックステスト

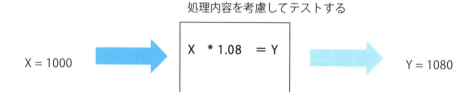

ホワイトボックステストと網羅条件

ホワイトボックステストの対象となるソースプログラムには、命令や分岐などがあり、これらの処理に対するテストの代表例には、以下の3種類があります。

- 命令網羅（statement coverage）（C0）
すべての実行可能な命令をテストする

- 分岐網羅 (branch coverage) (C1)
  すべての分岐を1回以上テストする

- 条件網羅 (condition coverage) (C2)
  すべての条件を1回以上テストする

なお、上記3つの網羅に記載したC0、C1、C2は、検査網羅率 (テストカバレッジ) と呼ばれ、どれだけテストしたという指標を表します。**リスト7.1**の処理をテスト対象とした場合で、C0、C1、C2それぞれの判定結果をあげておきましょう。

▼ リスト7.1　テスト対象とする処理

```
void function() {
    if ( 条件A ) {
      処理1
    } else {
      処理2
    }

    if ( 条件B ) {
      処理3
    } else {
      処理4
    }
}
```

●C0: 命令網羅
処理1～4の命令を1度は通ればC0は100%となるため、

- 処理1, 処理3を通るケース
- 処理2, 処理4を通るケース

の2通りとなります。

●C1: 分岐網羅
分岐の全ての組み合わせをテストすればC1は100%となるため、

- 処理1, 処理3を通るケース
- 処理1, 処理4を通るケース

- 処理2, 処理3 を通るケース
- 処理2, 処理4 を通るケース

の4通りとなります。

● C2: 条件網羅

条件式の全ての組み合わせをテストすればC2は100%となるため、

- 条件A = true, 条件B= true となるケース
- 条件A = true, 条件B= false となるケース
- 条件A = false, 条件B= true となるケース
- 条件A = false, 条件B= false となるケース

の4通りとなります。

> **ONEPOINT**
> 網羅条件のうち、分岐網羅（branch coverage）の具体例は、P.298 で取り上げています。

7-2 JUnitによる基本テスト

テストの概要を理解したところで、次は、JUnitの基本的な使い方やテストケースの基本的な作成手順について紹介していきましょう。

元のソースプログラム

まずはテスト対象となるクラスをあげておきましょう。今回は、Discount クラスにある setDiscount メソッドをテストすることにします。なお、setDiscount メソッドは、Main クラスから呼び出されているという構成になっています（図7.3）。

▼ 図7.3　今回のテスト対象となるクラスと呼び出し元となるクラス

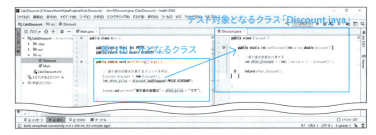

> COLUMN　**Scalaプログラミングでのテスト**
>
> 　テストの具体例として、**7-2**ではJavaプログラミングでのJUnitによるテストについて取り上げていますが、Scalaプログラミングのテストでは、「Specs2」や「ScalaTest」というオープンソースのテストフレームワークを使用することが一般的です。
> 　IntelliJ IDEAの公式ヘルプサイトには、Scalaアプリケーションのテストについての記載があります（**図7.A**）。
>
> https://pleiades.io/help/idea/run-debug-and-test-scala.html
>
> ▼ 図7.A　Scalaのテストについて（IntelliJ IDEAの公式ヘルプより）
>
>
>
> 　本書では、「Specs2」「ScalaTest」の概要や、これら2つのテストフレームワークを用いた基本的なテストについては、**7-4**で紹介しています。

第7章　IntelliJ IDEAのテスト手法

 ## テストケースを作成する

それではテストケースを作成しましょう。

1　テスト元となる「Discount」クラスをエディターで開き、クラス名部分を右クリックして、ショートカットメニューから「生成」を選択します（**図7.4**）。

▼ 図7.4　クラス名を右クリックして「生成…」をクリック

2　次に表示されたメニューでは、「テスト」をクリックします（**図7.5**）。

▼ 図7.5　「テスト」をクリックする

3　「テストの作成」ダイアログボックスでは、「テスト・ライブラリー：」欄からJUnitのバージョン（ここではJUnit5）を選択し、「次のテストメソッドを生成：」欄からは、テスト対象となるメソッドにチェックを付けて、＜OK＞ボタンをクリックします（**図7.6**）。

272

7-2　JUnitによる基本テスト

▼ 図7.6　「テストの作成」ダイアログボックス

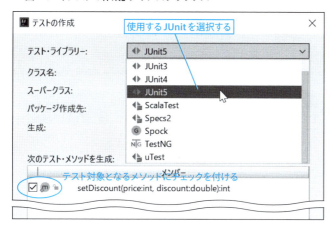

ONEPOINT

本来なら、テスト対象の「Dicount」クラスと、テストケースの「DiscountTest」クラスを別々のパッケージに分けて管理するのが一般的です。パッケージについては、**3章**のP.112を参照してください。

これで、テストケースである DiscountTest クラスが生成されます（**図7.7**）。もし、ファイル内の文字列の一部が赤字で表示されている場合は、Alt + Enter を押して、表示されたメニューから必要なJUnitを追加してください（**図7.8**）。

▼ 図7.7　「テストケース」が作成された

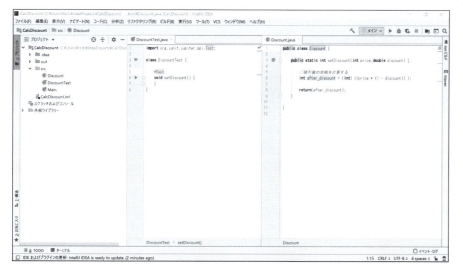

273

▼ 図7.8 文字列の一部が赤字の例

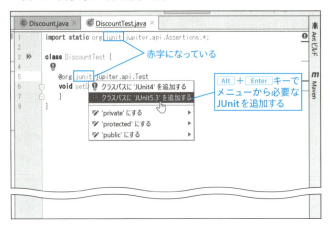

次は、Assertクラスに搭載されているメソッドを使って、対象となるDiscountクラスのsetDiscountメソッドをテストしてみましょう。Assertクラスの主なメソッドを**表7.1**にあげておきます。

▼ 表7.1 Assertクラスの主なメソッド

メソッド	内容
assertArrayEquals (arrays expected, arrays actual)	配列同士を比較する（等しければtrueを返す）
assertEquals (int expected, int actual)	整数同士を比較する（等しければtrueを返す）
assertSame (Object expected, Object actual)	expectedとactualが同じ場合はtrueを返す
assertNotSame (Object expected, Object actual)	expectedとactualが異なる場合はtrueを返す
assertNull (Object obj)	オブジェクトがNullであることを確認する（Nullの場合はtrueを返す）
assertNotNull (Object obj)	オブジェクトがNullでないことを確認する（Nullでなかった場合はtrueを返す）
assertTrue (boolean condition)	条件がtrueであることを確認する（trueの場合はtrueを返す）
assertFalse (boolean condition)	条件がfalseであることを確認する（falseの場合はtrueを返す）

※ expected：期待値　actual：実際の値

ONEPOINT

Assertとは「表明」「断言」などを意味する英単語です。Assertは、ある式や値が想定したものになっているか、否かを確認する機能として、Java以外のプログラム言語でも共通のキーワードとして使われています。

assertEqualメソッドを使う

　それではまず、「assertEqual」メソッドを使ってみましょう。**リスト7.2**のように、DiscountTestクラス内の「testTaxIn」メソッド内に、「assertEqual」メソッドを記述します。

▼ リスト7.2　「assertEqual」メソッドを記述する

```
@Test
void setDiscount() {
    Discount disc= new Discount(); //テスト対象のクラスのインスタンス化
    assertEquals(700, disc.setDiscount(1000,0.3));
}
```

　assertEqualメソッドが用意できたら、テストケース「DiscountTest」の「実行/デバッグ構成」を作成します。

1. テストケース「DiscountTest」のクラス名部分を右クリックして、ショートカットメニューにある「作成 'DiscountTest'...」をクリックします（**図7.9**）。
2. 「実行/デバッグ構成の作成 'DiscountTest'」ダイアログボックスが表示されたら、デフォルト設定のままで、＜OK＞ボタンをクリックします（**図7.10**）。
3. IntelliJ IDEAのメインメニュー右上に、作成した「実行/デバッグ構成」が表示されるので、実行ボタンをクリックしてください。

　図7.11に示すように、第2引数で指定したsetDiscountメソッドの戻り値が、第1引数で指定した期待値と同じであれば、テストは成功です（**図7.12**）。

▼ 図7.9　ショートカットメニューから「作成 'DiscountTest'...」をクリックする

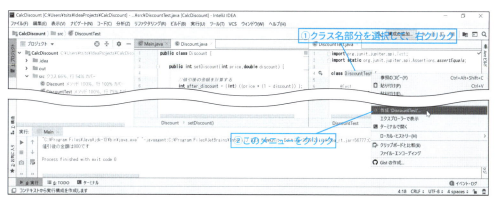

▼ 図7.10 「実行/デバッグ構成の作成 'DiscountTest'」ダイアログボックス

▼ 図7.11 assertEqualsメソッド行を細かく見てみる

▼ 図7.12 テストが成功した例

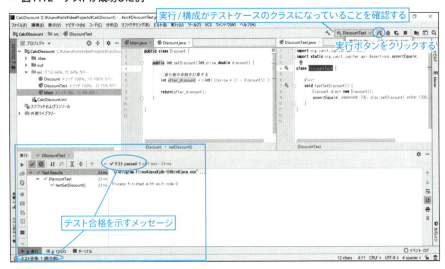

テストが失敗するケース

次にテスト結果が失敗（エラー）となるケースを紹介しましょう。

次の例では、テスト対象となるDiscountクラスのsetDiscountメソッド内の割引計算を行う処理が、

```
int after_discount = (int) ((price * (discount)) );
```

と、割引後の金額を算出するのではなく、割引金額のみを計算する式になっているため、期待値とは異なる値が出力されます（**図7.13**）。

▼ 図7.13 テスト結果が失敗となる例

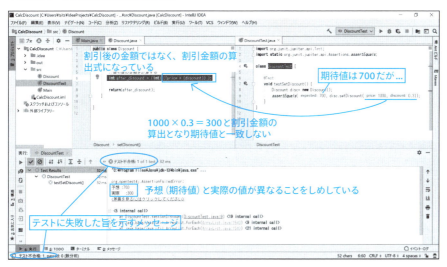

第7章　IntelliJ IDEAのテスト手法

その他のassertEqualsメソッド

assertEqualsには、前述の他にも、**表7.2**に示すような引数の異なるいくつかのバリエーションがあります。

▼ 表7.2　assertEqualsメソッドのバリエーション

バリエーション	内容
① assertEquals(expected, actual, String message)	expectedとactualの値を比較し、1番目の引数messageに設定した文字列を表示させる
② assertEquals(expected, actual, delta)	expectedとactualの値を比較する。3番目の引数に許容誤差を記述することができるため、比較結果がdouble、floatの場合は、このメソッドを使用する
③ assertEquals(expected, actual, delta, String message)	先の2つを組み合わせたパターン

最初に、①の使用例をあげておきましょう。テスト対象となるメソッドとテストケースのメソッドは**リスト7.3**、**リスト7.4**のとおりです。

▼ リスト7.3　テスト対象となるメソッド

```
public String calcRate(double rate1, double rate2) {

    if (rate1 > rate2) {
        return "OK"; //値引率rate1 > 値引率rate2の場合にOKとする
    } else {
        return "NG";
    }
}
```

▼ リスト7.4　テストケースのメソッド

```
assertEquals("OK",disc.calcRate(0.1,0.3),"値引率が正しくありません");
```

今回のテストでは、値引率rate1が値引率rate2よりも大きい場合に「OK」を、そうでない場合は、「NG」という文字列を返すメソッドをテストします。そして、①のassertEqualsメソッドは、「NG」が返ってきた場合のみ、あらかじめ用意しておいた「値引率が正しくありません」という文字列を表示させます。

それでは、①を使用したテストの実行結果を見てみましょう（**図7.14**）。**図7.14**で示したように、テストが失敗したときだけ、用意していた文字列が表示されます。

278

7-2 JUnitによる基本テスト

▼ 図7.14 ①の使用例

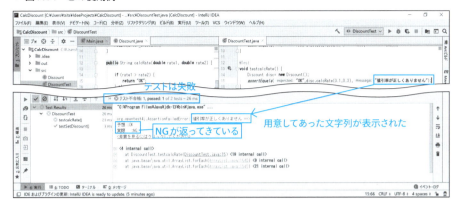

続いて、②のテストを実施してみましょう。テスト対象となるメソッドは、**リスト7.2**の「setDiscount」メソッドとして、テストケースのメソッドを**リスト7.5**に示します。

▼ リスト7.5 ②のテストケースのメソッド

```
assertEquals(705, disc.setDiscount(1000,0.3),5);
```

今回の例では、引数1「expected」に指定した「705」と、引数2「actual」で、呼び出すメソッド「disc.setDiscount(1000,0.3)」の結果となる「700」の許容誤差を5として、引数3の「delta」に指定すると、「700 − 700 ± 5」は、許容誤差の範囲となるため、テストが成功します（**図7.15**）。

▼ 図7.15 許容誤差の範囲でテストが成功した例

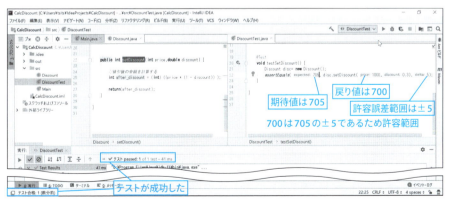

もし、期待値を700、引数2のテスト対象となるsetDiscountメソッドの値引率を0.35とした場合は、戻り値が650となり、許容範囲の695〜705を超えるため、テストが失敗します（**図7.16**）。

▼ 図7.16　許容誤差の範囲を満たさずにテストが失敗した例

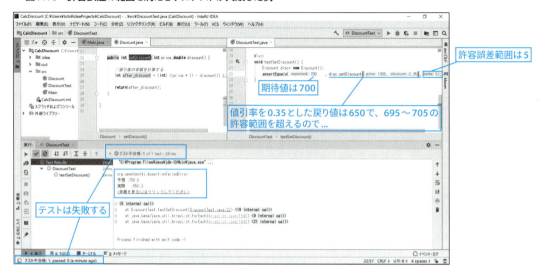

②のパターンで③のメソッドを**リスト7.6**のように設定した場合、引数1と引数2の結果が許容範囲を超えるため、**図7.17**で示すようにテストが失敗し、引数3に設定したメッセージが表示されます。

▼ リスト7.6　③のテストケースのメソッド

```
assertEquals(700, disc.setDiscount(1000,0.35),5,"値引率が正しくありません");
```

▼ 図7.17　③のテストケースを実行した例

assertSame／assertNotSameメソッド

次に、**表7.1**で紹介した、「assertSame」「assertNotSame」メソッドの使用例を見ていきましょう。まずは、今回のテスト対象となるメソッドをあげておきます（**リスト7.7**）。

▼ リスト7.7　テスト対象となるメソッド

```
public int num() {
    return 10;
}

public String str() {
    String str1 = "abc";
    return str1;
}

public String str(String s) {
    return s;
}
```

テストケースの作成は、P.275の手順と同様に、テスト対象となるメソッドを持つクラス（今回はDataOperateクラス）のクラス名部分を右クリックして、ショーカットメニューから「生成」を選択します。

次に、表示されたメニューで「テスト」をクリックして、「テストの作成」ダイアログボックスでは、「テスト・ライブラリー：」欄からJUnitのバージョン（ここではJUnit5）を選択し、「次のテストメソッドを生成：」欄からは、テスト対象となる全てのメソッドにチェックを付けて、＜OK＞ボタンをクリックしてください（**図7.18**）。

▼ 図7.18　「テストの作成」ダイアログボックス

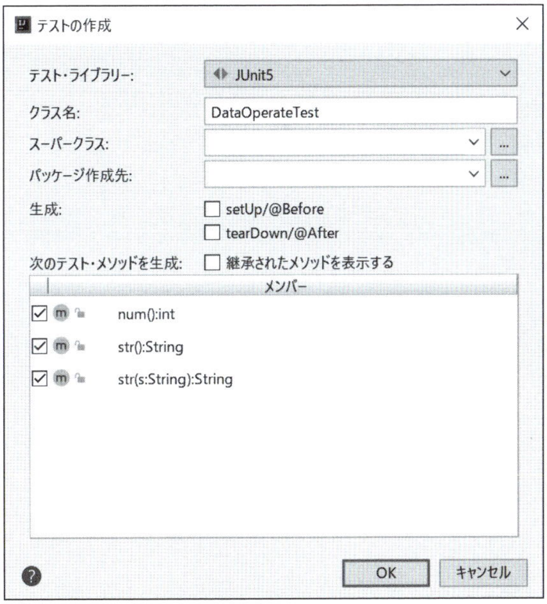

これでテストケース「DataOperateTest.java」が生成されます（**図7.19**）。もし、ファイル内の文字列の一部が赤字で表示されている場合は、P.273で紹介した手順と同様に、Alt + Enter を押下して、表示されたメニューから必要なJUnitを追加してください。

▼ 図7.19　テストケースを作成した例

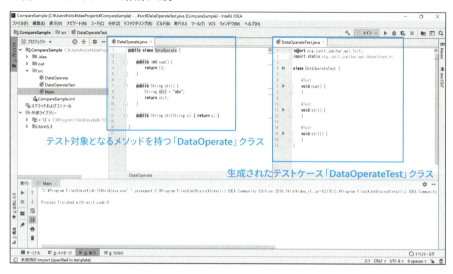

それでは、作成したテストケースに、「assertSame」「assertNotSame」メソッドを記述して、テストを実行しましょう（**リスト7.8**）。なお、テストの実行手順はP.275を参照してください。

▼ リスト7.8　テストケースに追加するメソッド

```
// 数値の比較rope = new DataOperate();
assertSame(10, strope.num());
assertNotSame(20, strope.num());

// 文字列が一致するか？
assertSame("abc", strope.str());
// 文字列が一致しないか？
assertNotSame("xyz", strope.str());

// 文字列が一致するか？
assertSame("abc", strope.str("abc"));
// 文字列が一致しないか？
assertNotSame("xyz", strope.str("abc"));
```

今回はすべてのテストが成功します（**図7.20**）。このように、assertSame,assertNotSameメソッドは、引数1と引数2が、同じオブジェクトであるか否かを判定します。

7-2 JUnitによる基本テスト

▼図7.20 テストケースの実行結果

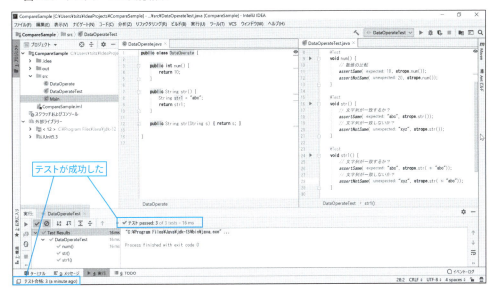

テストが成功した

assertEquals／assertSameメソッドの違い

　「assertEquals」と「assertSame」メソッドは、比較という意味では同じですが、決定的に違う点がありますので、ここではっきりさせておきましょう。
　まずは、「assertEquals」と「assertSame」メソッドが同じ結果となる場合のテスト対象となるメソッドとテストケースのメソッドを**リスト7.9**、**リスト7.10**に示します

▼リスト7.9　テスト対象となるメソッド

```
public String str() {
    String str1 = "abc";
    return str1;
}
```

▼リスト7.10　テストケースの「assertEquals」と「assertSame」メソッド

```
assertEquals("abc", strope.str());
assertSame("abc", strope.str());
```

　「assertEquals」と「assertSame」メソッドの結果は**図7.21**のとおりです。

283

第7章　IntelliJ IDEAのテスト手法

▼ 図7.21　「assertEquals」と「assertSame」メソッドの結果

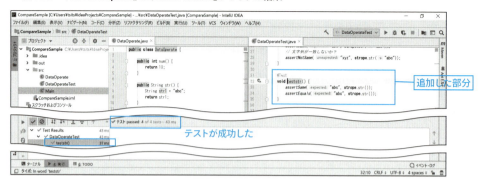

次に、「assertEquals」と「assertSame」メソッドが異なる結果となる場合をあげておきます。テスト対象となるメソッドとテストケースはリスト7.11、リスト7.12のとおりです。

▼ リスト7.11　テスト対象となるメソッド

```
public String str2() {
    String str1 = "abc";
    str1 += "d";
    return str1;
}
```

▼ リスト7.12　テストケースの「assertEquals」と「assertSame」メソッド

```
assertEquals("abcd", strope.str2());
assertSame("abcd", strope.str2());
```

「assertEquals」と「assertSame」メソッドの結果は図7.22、図7.23のとおりです。

▼ 図7.22　「assertEquals」メソッドの結果

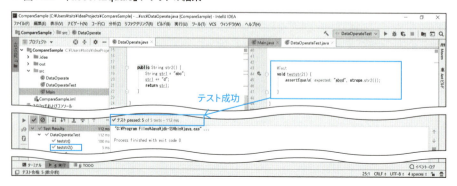

284

▼ 図7.23 「assertSame」メソッドの結果

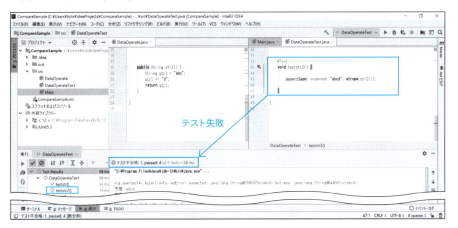

このように、「assertEquals」では、単に値を比較するのに対し、「assetSame」では、元々のオブジェクトとして等しいか否か、メモリ空間まで言及します。これらの違いは、Javaのif文などで使用する「equals」メソッドと「==」演算子の比較と同じです（**図7.24**）。

▼ 図7.24 「assertEquals」と「assertSame」の判定の違い

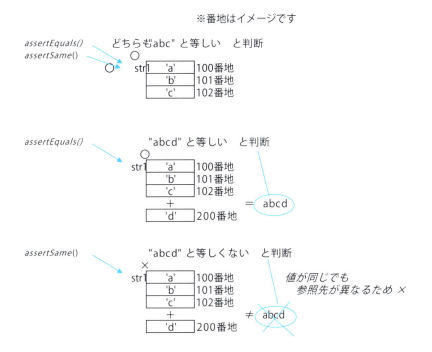

> **ONEPOINT**
> オブジェクト型を基準とした比較が、「assertEquals」で、boolean, int, float, charに代表されるプリミティブ (基本) 型を基準とした比較が「assertSame」と言い換えることもできます

assertArrayEqualsメソッド

assertArrayEqualsメソッドは、配列同士を比較します。**リスト7.13**、**リスト7.14**にテスト対象となるメソッドとテストケースを示します。

▼ リスト7.13　テスト対象となるメソッド

```java
int[] ary = { 0, 1, 2, 3, 4, 5 };

public int[] array() {
    return ary;
}
```

▼ リスト7.14　テストケースのassertArrayEqualsメソッド

```java
int[] arraytest = { 0, 1, 2, 3, 4, 5 };
assertArrayEquals(arraytest, aryope.array());
```

「assertArrayEquals」メソッドの使用例は、**図7.25**のとおりです。

▼ 図7.25　「assertArrayEquals」メソッドの使用例

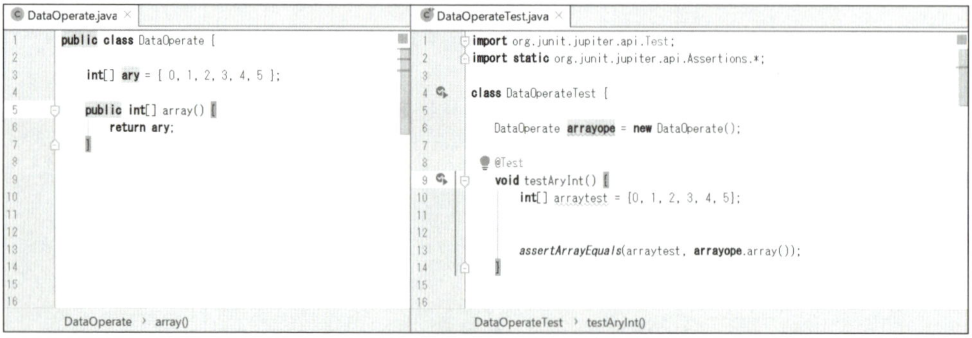

assertNull／assertNotNullメソッド

assertNullとassertNotNullメソッドは、Null値の有無を判定します。**リスト7.15**、**リスト7.16**に「assertNull」と「assertNotNull」メソッドのテスト対象とテストケースを示します。

▼ リスト7.15　テスト対象となるメソッド

```
public String nullvalue() {
    String s = null;　または　String s = "abc";などnull以外の値
    return s;
}
```

▼ リスト7.16　テストケースの「assertNull」と「assertNotNull」メソッド

```
assertNull(nullope.nullvalue());
assertNotNull(nullope.nullvalue());
```

「assertNull」メソッドの使用例は**図7.26**のとおりです。

▼ 図7.26　「assertNull」メソッドの使用例

| ONEPOINT |
図7.26でコメントアウトしている行（11行目）がassertNotNullメソッドのテストケースです。

assertTrue／assertFalseメソッド

assertTrueとassertFalseメソッドは、条件の真（True）偽（False）を判定します。下記に「assertTrue」と「assertFalse」メソッドのテスト対象とテストケースを示します（**リスト7.17**、**リスト7.18**）。

第7章　IntelliJ IDEA のテスト手法

▼ リスト7.17　テスト対象となるメソッド

```
public boolean trueValue() {
        int x = 10;

        if (x == 10) {
            return true;
        }else {
            return false;
        }
}

public boolean falseValue() {
        int x = 0;

        if (x == 10) {
            return true;
        } else {
            return false;
        }
}
```

▼ リスト7.18　テストケースの「assertTrue」と「assertFlase」メソッド

```
assertTrue(tf.trueValue());
assertFalse(tf.falseValue());
```

「assertTrue」と「assertFalse」メソッドの使用例は**図7.27**のとおりです。

▼ 図7.27　「assertTrue」と「assertFalse」メソッドの使用例

288

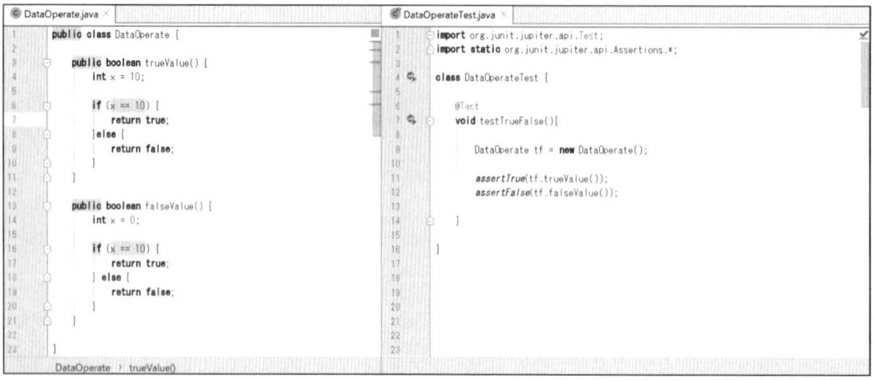

7-3 JUnitによるテスティングを体験する

JUnitに関連するスタンダードなメソッドを紹介したところで、次は、具体的なテストケースを用いて、実際のテスティング手順を見ていくことにしましょう。

 ### JUnitとアノテーション

これまでのテストケースに「@Test」という表記が何度も出ていたことにお気づきだったでしょうか？「@Test」はアノテーションと呼ばれるものであり、アノテーションとは「注釈」を意味します。

JUnitのアノテーションは、@で始まるキーワードで、Test以外にも様々なものがあります。表7.3にJUnit5で使用できる代表的なアノテーションを、前バージョンで現在もデフォルトで用いられることの多いJUnit4と並べてあげておきましょう。

▼ 表7.3　JUnit4と5で使用できる代表的なアノテーション

JUnit4		JUnit5	
アノテーション	内容	アノテーション	内容
@Test	テストメソッド	@Test	JUnit4と同じテストメソッドだが、テストメソッドにpublic宣言は不要
@Before	すべてのテストメソッド実行前に行われる処理	@BeforeEach	JUnit4の@Beforeと同じ
@After	すべてのテストメソッド実行後に行われる処理	@AfterEach	JUnit4の@Afterと同じ
@BeforeClass	テストクラスのテスト実行前に1度だけ行われる処理	@BeforeAll	JUnit4の@BeforeClassと同じ
@AfterClass	テストクラスのテスト実行後に1度だけ行われる処理	@AfterAll	JUnit4の@AfterClassと同じ

> ONEPOINT
> JUnit5のアノテーションは、「junit」-「jupiter」-「api」モジュールの「org.junit.jupiter.api」パッケージに含まれます。

JUnit5のアノテーションを検証する

それでは、はじめに、前述のJUnit5で使用できる、代表的なアノテーションを使ったテスティングの構成について見てみましょう。ここでは、**リスト7.19**に示す「TryJunit.java」をテスト対象にします。

▼ リスト7.19　テスト対象となる「TryJunit.java」

```java
public class TryJunit {

    static {
        System.out.println("staticイニシャライザが呼ばれました!");
    }

    TryJunit(){
            System.out.println("コンストラクタが呼ばれました!");
    }

    public static void main(String[] args) {
        // TODO 自動生成されたメソッド・スタブ
    }

    public void sub(){
            System.out.println("subメソッドが呼ばれました!");
    }

}
```

それでは、「TryJunit.java」のテストケースを作成します。P.272で紹介したように、テスト対象となる「TryJunit.java」のクラス部分を右クリックして、「生成」→「テスト」をクリックして、「テストの作成」ダイアログボックスを表示させますが、今回は、ダイアログボックス内にある「生成：」欄の「setUP/@Before」「tearDown/@After」と、テスト対象のクラス内にあるメソッドにチェックを付けます（**図7.28**）。

7-3　JUnit によるテスティングを体験する

▼ 図7.28　「テストの作成」ダイアログボックス

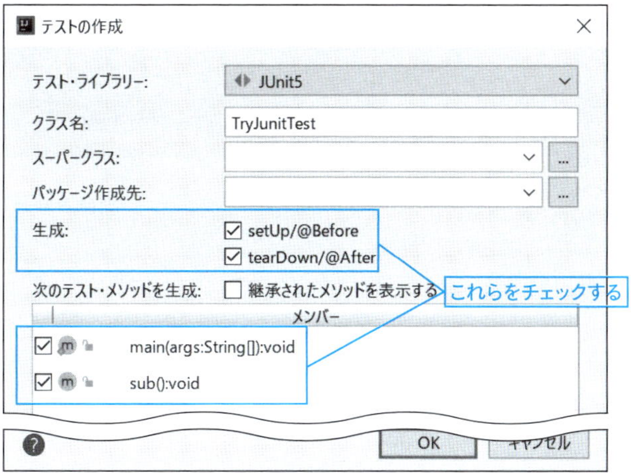

　これで、テストケース「TryJunitTest.java」が生成されます。**リスト7.20**に「TryJunitTest.java」の内容をあげておきましょう。

▼ リスト7.20　生成されたテストケース「TryJunitTest.java」

```java
import org.junit.jupiter.api.AfterEach;
import org.junit.jupiter.api.BeforeEach;
import org.junit.jupiter.api.Test;

import static org.junit.jupiter.api.Assertions.*;

class TryJunitTest {

    @BeforeEach
    void setUp() {
    }

    @AfterEach
    void tearDown() {
    }

    @Test
    void main() {
    }

    @Test
    void sub() {
    }
}
```

291

第7章　IntelliJ IDEAのテスト手法

　次に、これらのメソッドがどの順番で実行されているかを検証するために、**リスト7.21**のように、各メソッドが実行されていることを明確にするための文字列を表示させるprintlnメソッドを追加しましょう。

▼ **リスト7.21　テストケースのメソッドにprintlnメソッドを追加した例**

```java
class TryJunitTest {

    @BeforeEach
    void setUp() {
        System.out.println("BeforeEachです!");
    }

    @AfterEach
    void tearDown() {
        System.out.println("AfterEachです!");
    }

    @Test
    void main() {
        System.out.println("Test2です!");
    }

    @Test
    void sub() {
        System.out.println("Test1です!");
    }
}
```

　図7.29に示すように、「TryJunitTest.java」のテスト結果は「実行ツール」ウィンドウに表示されています。ここで、アノテーションが意味する順にprintlnメソッドの文字列が出力されているところを詳しく見てみましょう。

292

▼ 図7.29　メソッドが実行される順番を明記した例

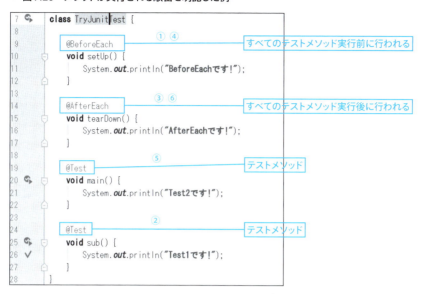

「TryJunitTest.java」のテスト結果は「実行ツール」ウィンドウで表示されます。アノテーションが意味する順にprintlnメソッドの文字列が出力されていることを再確認しておきましょう（**図7.30**）。

▼ 図7.30　テスト結果を「実行ツール」ウィンドウで表示した例

アノテーションを追加する

先の例では、「テストの作成」ダイアログボックスから生成されたアノテーションを使用しましたが、このテストケースに**表7.3**であげた「@BeforeAll」と「@AfterAll」を追加してみます。

リスト7.22で示した2つのアノテーションとメソッドを、「TryJunitTest.java」の末尾に追加してください。なお、2つのアノテーションに関するメソッドは、static宣言が必要となります。

▼ リスト7.22　以下の「@BeforeAll」と「@AfterAll」を追加する

```
@BeforeAll
static void initAll(){
    System.out.println("BeforeAllです!");
}


@AfterAll
static void tearDownAll(){
    System.out.println("AfterAllです!");
}
```

追加した2つのアノテーションは、必要とするクラスが存在しないため、図7.31で示したように赤字で表示されます。Alt + Enter で必要なクラスをインポートしてください。

▼ 図7.31　「@BeforeAll」と「@AfterAll」に必要なクラスをインポートする

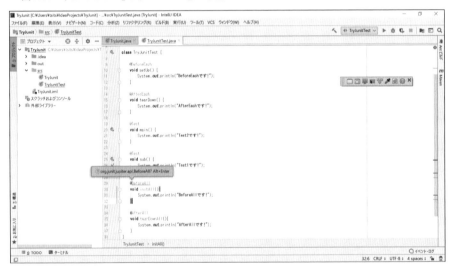

> **ONEPOINT**
>
> 2つのアノテーションに必要なクラスをインポートすることで、これまで宣言されていた下記の宣言も1つに集約されます。
>
> ### ●これまでのインポート宣言
> import org.junit.jupiter.api.AfterEach;
> import org.junit.jupiter.api.BeforeEach;
> import org.junit.jupiter.api.Test;
>
> ### ●2つのアノテーションを追加してまとめられたインポート宣言
> import org.junit.jupiter.api.*;

　図7.32に示すように、「@BeforeAll」は、テストクラスのテスト実行前に1度だけ行われ、「@AfterAll」は、テストクラスのテスト実行後に1度だけ行われます。

▼ 図7.32　「@BeforeAll」と「@AfterAll」を加えた実行結果

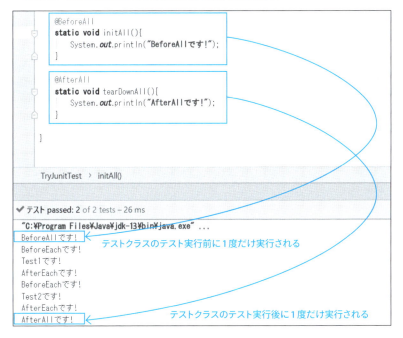

条件分岐のJUnitテスト

条件分岐のJUnitテストを行う前に、今回の条件分岐をフローチャートで示しておきましょう（図7.33）。

▼ 図7.33　今回の条件分岐のフローチャート

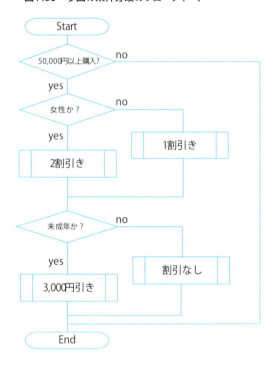

リスト7.23のソースコードを見てください。

▼ リスト7.23　条件分岐のあるソースコード「DiscountSample.java」

```java
public class DiscountSample {
    :
  public double sexCheck(String sex) {
      if (sex.equals("f")) {    // 女性なら2割引
          return 0.2;
      } else {                  // 男性なら1割引
          return 0.1;
      }
  }
}
```

7-3 JUnitによるテスティングを体験する

このような条件分岐のあるソースコードは、条件が成立する場合とそうでない場合の両方をテストしなければいけません。JUnitのテストで**リスト7.24**に示すテストケースを実行してみましょう。

▼ リスト7.24　先の条件をテストするテストケースの例「DiscountSampleTest.java」

```java
@Test
void sexCheck() {
    DiscountSample sc = new DiscountSample();
    assertEquals(0.2, sc.sexCheck("f"), 0.0);
}
```

> **ONEPOINT**
> 「DiscountSample.java」では、戻り値がdouble型のため、P.278で紹介した「assertEquals(expected, actual, delta)」を使用します。また、今回は許容誤差が認められないため、3番目の引数には「0.0」を設定しています。

今回のテストは、IntelliJ IDEAの左側にあるプロジェクトの階層から、テストケース「DicountSampleTest.java」を右クリックして、ショートカットメニューの「実行カバレッジ(V)」をクリックして行います（**図7.34**）。カバレッジ（coverage）とは、テストによって網羅条件をどのくらいカバーできたかを割合で示すものです。

▼ 図7.34　ショートカットメニューから「実行カバレッジ(V)」をクリックする

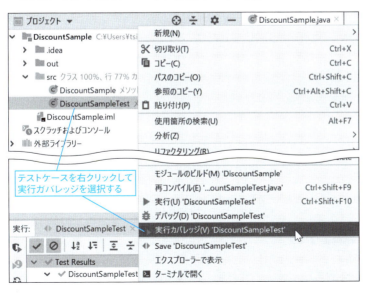

図7.35に示すように、先のテストケースでは、テスト対象となるソースコードの条件分岐の一部しかテストしていません。ちなみにテストした処理は緑色に、テストしていない箇所は赤色になります。

▼ 図7.35　先のテストケースを実行した結果

それでは、「DiscountSampleTest.java」に**リスト7.25**に示すメソッドを追加して、先のテストで対象外となっていたelseの処理をテストしましょう。

▼ リスト7.25　「DiscountSampleTest.java」に追加するメソッド

```
assertEquals(0.1, sc.sexCheck("m"), 0.0);
```

実行結果は図7.36のとおりです。今回はすべての処理が緑になります。

▼ 図7.36　elseの処理をテストに追加した結果

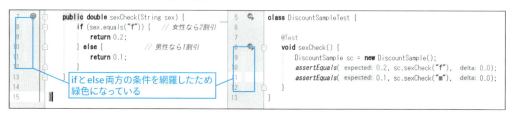

> **ONEPOINT**
> 今回のテストは、P.270で紹介したC1（分岐網羅：branch coverage）に相当します。

複数の分岐条件を網羅する

次に、「DiscountSample.java」へ図7.33に示したその他の条件を追加します（**リスト7.26**）。

7-3　JUnitによるテスティングを体験する

▼ リスト7.26　「DiscountSample.java」にその他の条件を追加した例

```java
public boolean priceCheck(int price) {   ←―――――①
    if (price >= 50000) {
        // 購入額が50,000円以上なら割引対象となる
        return true;
    } else {
        // 割引対象とならない
        return false;
    }
}

public double sexCheck(String sex) {
    if (sex.equals("f")) {
        // 女性なら2割引
        return 0.2;
    } else {
        // 男性なら1割引
        return 0.1;
    }
}

public int ageCheck(int age){            ←――――②
    if (age < 20) {
        // 未成年なら3,000円引き
        return 3000;
    } else {
        // 成年なら1,000円引き
        return 1000;
    }
}
```

　それでは、「DiscountSample.java」に追加した①②の条件をテストするテストケースを作成しましょう。まずは、①のpriceCheckメソッドをテストするテストケースです（**リスト7.27**）。

▼ リスト7.27　priceCheckメソッドをテストするテストケース

```java
@Test
void testPriceCheck() {
    DiscountSample pc = new DiscountSample();
    assertTrue(pc.priceCheck(50000));
    assertFalse(pc.priceCheck(10000));
}
```

299

第7章　IntelliJ IDEAのテスト手法

購入金額が50,000円以上なら「True」、未満なら「False」のテストをするため、assertTrueとassertFalseメソッドが利用できます。

次は、②のageCheckメソッドをテストするテストケースです（**リスト7.28**）。

▼ リスト7.28　ageCheckメソッドをテストするテストケース

```
@Test
public void testAgeCheck() {
    // fail("まだ実装されていません");
    Discount ac = new Discount();
    assertEquals(3000, ac.ageCheck(18));
    assertEquals(0, ac.ageCheck(20)); }
}
```

未成年なら値引き額が3,000円、そうでない（成年）なら割引なしのテストであれば、assertEqualsメソッドが利用できます。

これらのテストケースを追加した場合の実行結果を**図7.37**に示します。

▼ 図7.37　3つの条件をテストした例

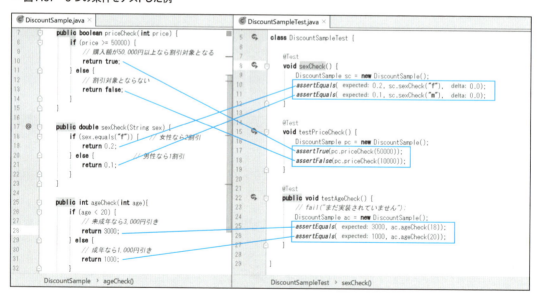

このように、3つのifとelseそれぞれの条件がテストされていることがわかります。

COLUMN @Disabledでテストを無効にする

特定のテストを一時的に除外したいときなどには、@Disabledを使用すると便利です。

「Disabled」は、英語で「無効にする」という意味です。@Disabledを使用すると、その意味通りに、特定のテストケースを無視（除外）することが可能です。以下に、前述の「DiscountSampleTest.java」で@Disabledを使用した例をあげておきましょう。なお、@Disabledを使用する際には、以下のインポート宣言が必要になります。

```
import org.junit.jupiter.api.Disabled;
```

▼ 図7.B 「DiscountSampleTest.java」で@Disabledを使用した例

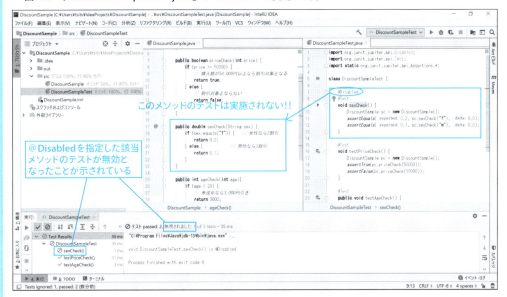

図7.Bで示したように、@Disabledを指定した処理は無効となるため、テストケースとして除外されます。ちなみに、@Disabledは、Junit 5の前バージョン JUnit4の@Ignoreと同じです。

7-4 Specs2とScalaTestの基本

IntelliJ IDEAでは、Specs2やScalaTestを使用してScalaアプリケーションをテストすることができますが、これらのテストには、SBTの利用が前提となるため、先にSBTについて触れておきましょう。

ScalaのテストではSBTを利用する

　ScalaでテストをTen行う場合は、SBT（Simple Build Tool）と呼ばれる、Scalaをベースにしたビルドツールを利用するのが一般的です。SBTでプロジェクトを作成すれば、テストに必要なツールをはじめ、フォルダやファイルが自動生成されるため、効率よく作業が行えます。また、SBTはその名の通りビルドツールであるため、Scalaのビルドでも利用します（図**7.38**）。

▼ 図7.38　SBTプラグインが入手できるサイト

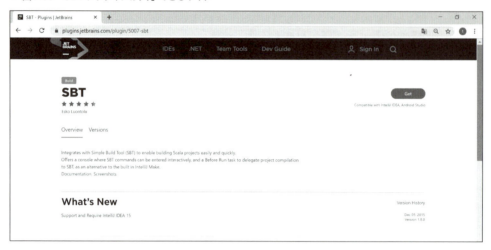

　図**7.38**では、SBTプラグインが入手できるサイトを紹介しましたが、IntelliJ IDEAでScalaプラグインをインストールした場合は、図**7.39**に示す、Scalaプラグラインの中にSBTが統合されており、さらに、Specs2やScalaTestもサポートしているため、別途SBTプラグインなどのインストールは不要です。

▼ 図7.39　ScalaプラグインにはSBTが統合されている

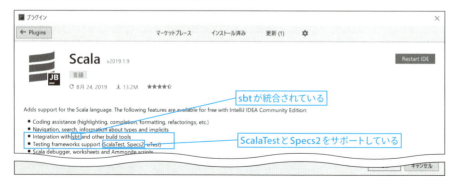

7-4　Specs2とScalaTestの基本

SBTプロジェクトを作成する

　前述のように、ScalaプラグインをインストールしていればすぐにSBTを利用することができます。それでは、SBTプロジェクトの作成手順をあげていきましょう。

1　IntelliJ IDEAの起動時画面にある「新規プロジェクトの作成」をクリックします。
2　「新規プロジェクト」ダイアログボックスでは、左側の一覧から「Scala」を選択し、中央に表示された一覧からは、「sbt」を選択して「次へ(N)」ボタンをクリックします（図7.40）。

▼ 図7.40　「新規プロジェクト」ダイアログボックス

3　次の画面では、「プロジェクト名(A):」欄にプロジェクト名（ここではScalaSBTSample）を入力して、プロジェクトで利用するJDK（プロジェクトSDK）や、sbtやScalaのバージョンを選択し、あとはデフォルトのままで「完了(F)」ボタンをクリックしてください（図7.41）。

▼ 図7.41　プロジェクト名やSDKなどのバージョンを選択する

303

これでSBTプロジェクトが完成します。SBTプロジェクトには、SBTツールウィンドウがあり、Gradleのbuild.gradleファイルと同様のビルドファイルとして「build.sbt」が用意されています（図7.42）。

▼ 図7.42　完成したSBTプロジェクト

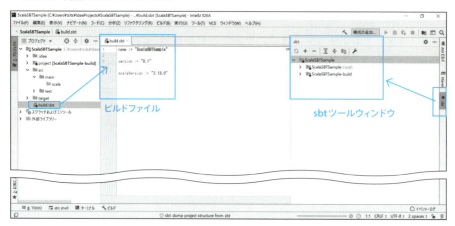

なお、テストやビルドでは、それらの対象となるScalaのソースプログラムを作成する必要があり、通常は、Javaと同様に、作成元のフォルダを右クリックしたショートカットメニューに用意されている「Scalaクラス」というメニューを選択します（図7.43）。

▼ 図7.43　「Scalaクラス」メニュー

しかし、もしこの「Scalaクラス」メニューが表示されない場合は、プロジェクト階層の上部

にあるプロジェクト名を右クリックして、ショートカットメニューから、「フレームワークのサポート」を選択してください。

次に、「フレームワーク・サポートの追加」ダイアログボックスが表示されますので、左の欄にある「Scala」をチェックします。そして、中央上部にある「ライブラリーの使用：」欄では、プロジェクトで使用するScalaのSDKバージョンを選択してください（図7.44）。

最後に＜OK＞ボタンをクリックすれば、IntelliJ IDEAの画面に戻りますので、「Scalaクラス」メニューが表示されることを確認しましょう。

▼ 図7.44　「フレームワーク・サポートの追加」ダイアログボックス

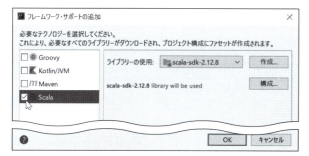

Specs2とは

Specs2は、後述するScalaTestと同じく、Scalaのテスティングでよく利用されるテストフレームワークです。Specs2は、以前のバージョン「Specs」と同様に単体テストでの利用はもちろんのこと、結合テストでの利用も可能です。また、DSLが利用できるなど高機能である点も特徴の一つです（図7.45）。

> **ONEPOINT**
> DSL（Domain Specific Language）とは、JavaやScalaなどのプログラム言語とは異なる特定の作業に特化した言語で、ドメイン固有言語とも呼ばれます。

https://etorreborre.github.io/specs2/

▼ 図7.45　Specs2のサイト

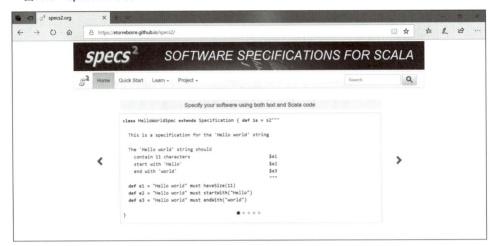

Specs2を利用する

まずは、Specs2の公式ページにある「Quick Start」を基にして、IntelliJ IDEAにSpecs2を導入してみます（**図7.46**）。

▼ 図7.46　Specs2の公式ページにある「Quick Start」

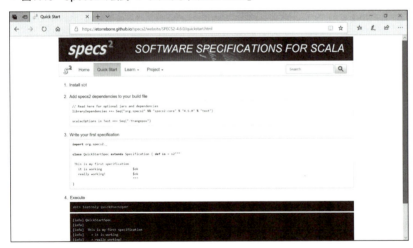

[1] P.303を参考にしてSBTプロジェクトを作成します。
[2] プロジェクト内に生成されたSBTのビルドファイル「build.sbt」に、Specs2で必要なライブラリに関する以下の記述を追加します（**図7.47**）。

```
libraryDependencies ++= Seq("org.specs2" %% "specs2-core" % "4.6.0" % "test")
scalacOptions in Test ++= Seq("-Yrangepos")
```

▼ 図7.47　build.sbtファイルにScalaTestで必要な記述を追加した

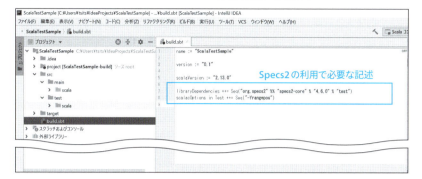

ONEPOINT

「libraryDependencies」から始まる行の"4.6.0"の部分は、Spesc2の最新バージョンを指定します。

Specs2の動作確認

それでは、Spesc2の動作確認を行うために、Scalaのソースファイルを作成して、Specs2の公式サイトにある「Quick Start」のソースコードを入力してみましょう。

1. IntelliJ IDEAの「プロジェクト」ウィンドウで「src」→「test」→「scala」フォルダを右クリックし、ショートカットメニューから、「新規(N)」→「Scalaクラス」をクリックします。
2. 「新規Scalaクラスの作成」ダイアログボックスが表示されたら、「名前：」欄にテストクラスの名前を入力（ここでは「Specs2Test」）し、「種類：」欄は「Class」であることを確認して、＜OK＞ボタンをクリックします（**図7.48**）。

▼ 図7.48　「新規Scalaクラスの作成」ダイアログボックス

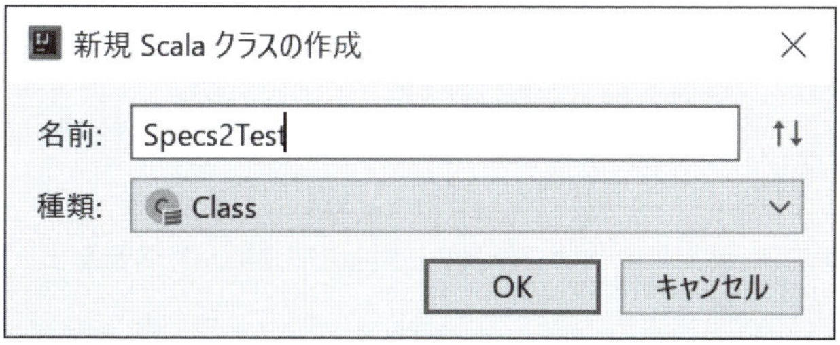

3 手順1で示した「scala」フォルダ内にクラスファイル（ここではSpecs2Test.scala）が生成されるので、ソースコードが「Quick Start」と同じになるように、以下の内容に変更してください。

```
01:import org.specs2._
02:
03:class Specs2Test extends Specification { def is = s2"""
04:
05: This is my first specification
06:    it is working              $ok
07:    really working!            $ok
08:                               """
09:}
```

4 IntelliJ IDEAのメインメニューから「実行(U)」→「構成の編集(R)」をクリックして、「実行/デバッグ構成」ダイアログボックスを表示させます。

5 「実行/デバッグ構成」ダイアログボックスに左上にある「＋」ボタンをクリックして、表示された「新規構成の追加」メニューから「Specs2」を選択します。

6 右側の「名前：」欄に任意の名前（ここではSpecs2Test）を、「テスト・クラス：」欄には、③と同じクラスファイルの名前（ここではSpecs2Test）を入力し、「作業ディレクトリー：」欄には、プロジェクトの保存先を指定して、＜OK＞ボタンをクリックしてください（図7.49）。

▼ 図7.49 「実行/デバッグ構成」ダイアログボックスの設定例

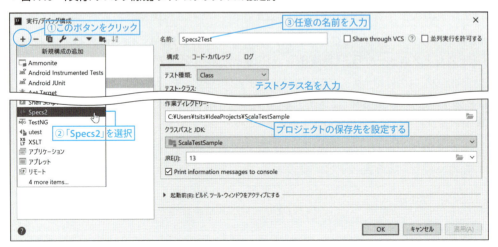

作成した構成を選択して「実行」ボタンをクリックすれば、「Quick Start」と同じコードを実行させることが可能です（図7.50）。

▼ 図7.50 「Quick Start」と同じコードを実行させた例

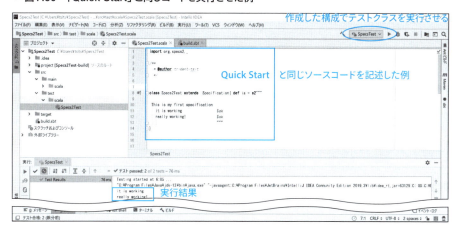

図7.50で示したように、テストクラス内に記述した以下の文字列が出力されます。これでSpecs2の動作確認は完了です。

it is working　　・・・それは動いている
really working!　・・・本当に動いている！

Specs2による基本的なテスティング

次は、Specs2で以下のScalaプログラムをテストしてみましょう。

まずは、IntelliJ IDEAの「プロジェクト」ウィンドウで「src」→「main」→「scala」フォルダを右クリックし、図7.48で示した「新規Scalaクラスの作成」ダイアログボックスから、テスト対象となるScalaプログラム（ここではMainScala.scala）を作成してください（**リスト7.29**）。

▼ リスト7.29　今回のテスト対象となるScalaプログラム (MainScala.scala)

```
class MainScala(company: String) {

    def spell: String = s"$company.jp"

}
```

今回のScalaプログラムは、引数として受け取った文字列に「.jp」を付加して、jpドメインを作成する処理が記述するものとします。**リスト7.30**に、このプログラムをテストするテストケースを記述したクラスファイルをあげておきましょう。なお、クラスファイル名はP.307と同じ「Specs2Test」とします。

▼ リスト7.30　テストケースを記述したクラスファイル（Specs2Test.scala）

```
01: import org.specs2.mutable.Specification
02:
03: class Specs2Test extends Specification {
04:
05:   "企業名" should{
06:
07:     "ドメインチェック" in {
08:       val company_domain = new MainScala( company = "j-tech")
09:         company_domain.spell must_== "j-tech.jp"
10:     }
11:   }
12: }
```

　5行目の「should」や7行目の「in」は、DSL（Domain Specific Language）と呼ばれる記述です。この「should in」や、テストの評価条件として利用されている9行目の「must_==」は、1行目でインポートしたSpecificationを継承したクラスで利用できます。それでは、このクラスファイルの構成を確認しておきましょう（図7.51）。

▼ 図7.51　クラスファイル（Specs2Test.scala）の構成

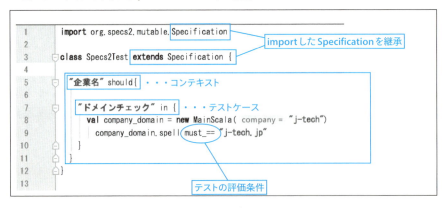

　図7.51の構成では、コンテキストと示したブロック（5行目　"企業名" should { から、11行目の } まで）の中に、テストケースのメイン部分が存在します。テストケースのメイン部分とは、テストケースと示したブロック（7行目の "ドメインチェック" in { から、10行目オン } まで）であり、8行目でテスト対象となる「MainScala」クラスのインスタンスを、引数「"j-tech"」を用いて生成し、MainScalaクラスのメンバである「spell」に格納された文字列が、"j-tech.jp"と等しいか否かを9行目の「must_==」でテストしているわけです。以下に、テストケースが成功した例をあげておきましょう（図7.52）。

▼ 図7.52　テストケースを実行した結果

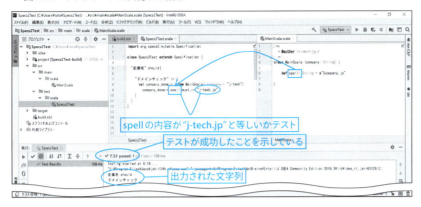

以下は、9行目の「must_==」で比較する文字列を"j-tech.com"として、テストが失敗した例です（図7.53）。

▼ 図7.53　テストが失敗した例

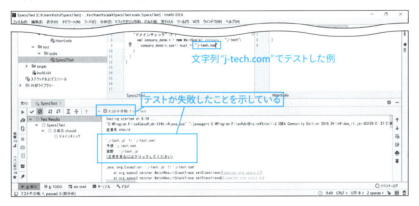

ScalaTestとは

ScalaTestもScalaのテスティングでよく用いられるテストフレームワークです。ScalaTestは、シンプルで扱いやすい点が特徴で、テストの生産性を高めることができる多くの機能を搭載したフレームワークとして知られています（図7.54）。

http://www.scalatest.org/

図7.54　ScalaTestのサイト

ScalaTestによる基本的なテスティング

　次に、「ScalaTest」を用いた簡単なテストを取り上げておきましょう。ScalaTestを行うためには、Spesc2と同様にSBTプロジェクトを作成する必要があります。ここでは、SBTプロジェクトを作成したところから話を進めていくことにします。

　まずは、SBTのビルドファイル「build.sbt」に、ScalaTestで必要なライブラリに関する以下の記述を行います（図7.55）。

```
libraryDependencies += "org.scalatest" %% "scalatest" % "3.0.8" % "test"
```

図7.55　build.sbtファイルにScalaTestで必要な記述を追加した

> **ONEPOINT**
> 図7.55で示したように、"3.0.8"の部分はScala Testの最新バージョンを指定します。

7-4　Specs2とScalaTestの基本

Scala Testのライブラリが導入出来たら、早速テストを行ってみましょう。今回は**リスト7.31**に示すメソッド「price」をテスト対象にします。

▼ リスト7.31　テスト対象となるメソッドを含むソースプログラム（Main）

```
object Main {
  def main(args: Array[String]): Unit = {

    var unitPrice = 3000    //単価
    var discount = 0  //割引額

    //割引額を計算する
    discount = price(unitPrice)
    println("割引額は" + discount + "円です")

  }

  //テスト対象となるメソッド「price」
  def price(unit_price :Int, discount_rate : Double = 0.1f) : Int = {
    return (unit_price * discount_rate).toInt
  }

}
```

▍テスト対象となるScalaプログラムを作成する

それでは、テスト対象となるScalaプログラムを作成しましょう。

1. プロジェクト欄にあるプロジェクト（ここではScalaTestSample）配下の「src」→「main」→「scala」フォルダを右クリックします。
2. ショートカットメニューから「新規(N)」→「Scalaクラス」を選択します。もし、「Scalaクラス」が表示されない場合は、P.305を参照して、フレームワークを作成してください。
3. 「新規Scalaクラスの作成」ダイアログボックスでは、「名前：」欄に名前（ここではMain）を入力し、「種類：」欄は「Object」を選択して、＜OK＞ボタンをクリックしてください（図7.56）。

▼ 図7.56　「新規Scalaクラスの作成」ダイアログボックス

313

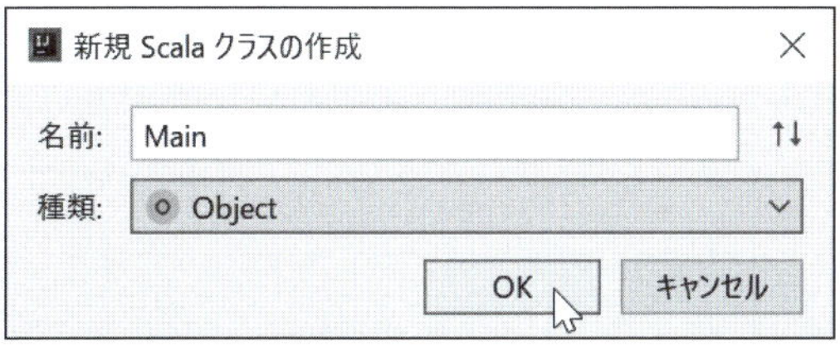

第7章　IntelliJ IDEAのテスト手法

4　Objectファイルが生成されたら、テスト対象となるメソッドなどを記述して、ソースプログラムを完成させます（図7.57）。

▼ 図7.57　テスト対象となるソースプログラムが完成した例

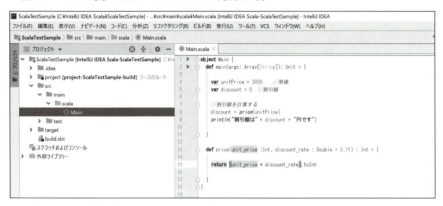

テストケースを作成する

次にテストケースを作成します。

1　エディター内のpriceメソッドを右クリックして、ショートカットメニューから、「ジャンプ」→「テスト (E)」を選択するか、Ctrl + Shift + T キーを押してください。

2　エディター内に表示されたポップアップメニューから「新規テストの作成」を選択して、「テストの作成」ダイアログボックスを表示させます（図7.58）。

▼ 図7.58　ScalaTestを実施するテスト対象のメソッドを選択する

3 「テストの作成」ダイアログボックスでは、「テスト・ライブラリー：」欄が「ScalaTest」になっていることを確認し、「次のテスト・メソッドを作成：」欄の、テストしたいメソッド（ここではpriceメソッド）にチェックしてから、＜OK＞ボタンをクリックしてください。

これでテストケースが生成されます（図7.59）。なお、テストケースの「MainTest.scala」では、「FunSuite」をインポートし、MainTestクラスを拡張していますが、「FunSuite」は、シンプルなテストケースを実現するためのツールで、主に関数の値によるテストを行います。ちなみにFunSuiteのFunはFunction（関数）を意味します。

▼ 図7.59　生成されたテストケースの例

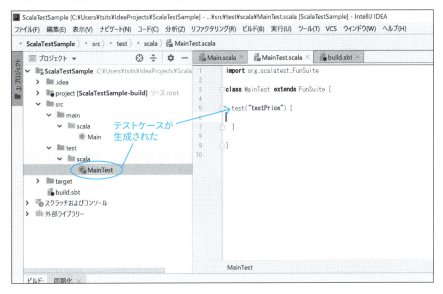

それでは、MainTest.scalaに以下のテスト用のメソッドを記述してテストを行ってみましょう。

```
test("testPrice") {
    val actual = Main.price(1000)    ・・・追加した記述①
    assert(actual == 100)             ・・・追加した記述②
}
```

前述の2行を追加することで、テスト対象の「Main.scala」のpriceメソッドに引数「1000」を渡して（追加した記述①）、戻り値が100と等しいかどうかを判定しています（追加した記述②）。
それではテストを実行します。プロジェクト欄の「プロジェクト名」→「src」→「test」→「scala」内の「MainTest.scala」を右クリックして、ショートカットメニューから、「実行(U)」をクリッ

クしてください。図7.60で示したようにテストが実行され、テスト結果が表示されます。

▼ 図7.60　テスト結果の例

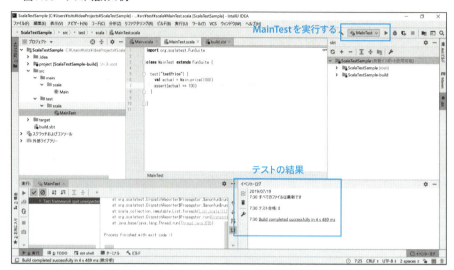

第 **8** 章

IntelliJ IDEAの
ビルドツール

IDEのビルドツールは「**Gradle**」が主流になりつつありますが、これまで、「**Ant**」や「**Maven**」が広く利用されてきており、現在も利用可能です。
本章では、ビルドやビルドツールとは何かについて紹介し、その後に**Gradle**の構成や基本設定などについて見ていきます。

本章の内容

8-1 ビルドとビルドツール

8-2 **Gradle**の基本操作

8-3 **Gradle**によるビルド体験

8-4 **Scala**の**SBT**によるビルド体験

8-1 ビルドとビルドツール

現在 IDE のビルドツールは **Gradle** が主流ですが、ここでは、**Gradle** を紹介する前に、ビルドそのものの意味や、**Gradle** が登場するまでのビルドツールなどについて見ていくことにしましょう。

 ### ビルドとは

1章でも紹介しましたが、ビルド（build）は、英語で「築く」という意味です。システム開発でのビルドは、複数のプログラムをまとめて、一つのシステムに築き上げる作業ですが、一度築き上げたら完成というわけではなく、構成されるプログラム個々の機能を追加したり、修正することで、何度もビルドを繰り返す必要があります（**図8.1**）。

▼ 図8.1　ビルドのイメージ（Javaの場合）

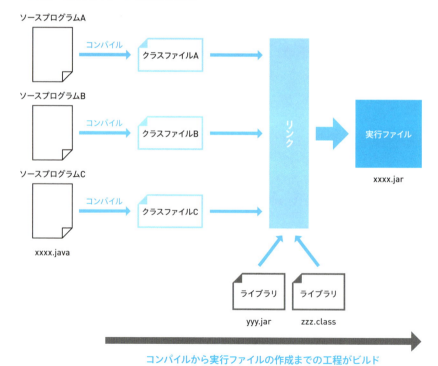

図8.1で示したように、コンパイルからリンクまでの一連の流れがビルドであり、コンパイル対象となるソースプログラムに変更や追加があれば、その分ビルドを繰り返すことになります。そのため、ビルド作業を自動的に効率よく進めるためのビルドツールが、歴史上いくつも登場しています。表8.1に主なビルドツールをあげておきましょう。

▼ 表8.1　主なビルドツール

ビルドツール	説明
Make	ビルドツールの草分け的な存在。古くからC言語で使われてきた歴史あるツール
Ant	Javaベースのビルドツール。ビルドファイルをXMLで記述する
Maven	Antの後継。Mavenからビルドに必要なライブラリが自動的に入手できるようになった
Gradle	ビルドファイルをGroovyと呼ばれるスクリプト言語で記述。JavaやAndroid開発で多く利用されている
Bazel	Google社が社内で利用していたビルドツールをオープンソースとして提供したもの。多言語に対応しており、ビルドの並列処理を実装しているため高速である

紹介したビルドツールのうち、ビルドの草分け的存在のMakeやAntは「手続き型」で、MavenとGradleは「規約型」のビルドツールであると言えます。「手続き型」では、ソースプログラムの場所やビルドしたファイルの出力先を逐次指定する必要がありますが、「規約型」では、「JARファイルを生成する」「アプリケーションをビルドする」といったような、プロジェクトの定義が明確で、あらかじめ決められたルールに則ってソースプログラムなどを配置していくため、処理がより簡潔になります。

 ## Mavenとは

前述したようにMavenはAntの後継ツールであり、特にJavaの代表的なビルドツールとして知られています。MavenはXMLでビルドファイルを記述するなど、Antを踏襲した面も持ちながら、Antよりも容易にビルドの設定を行うことができるようになっています。

さらに、プラグインの拡張により、単なるビルドツールではない側面があります。具体的には、JARファイルの作成、ソースプログラムのコンパイルやテストの他に、Javadocやテストレポート、プロジェクトサイトの生成などが可能などと、様々な機能が搭載されている点です。

本著では、主にGradleを取り上げますが、IntelliJ IDEAのメインウィンドウには、AntとMavenのタブもあり、これらを利用することも可能です（図8.2）。

第8章　IntelliJ IDEAのビルドツール

▼ 図8.2　IntelliJ IDEAではAntとMavenも利用できる

　なお、IntelliJ IDEAの公式ページには、AntとMavenについての利用方法が掲載されています（**図8.3**）。

- Ant
  https://pleiades.io/help/idea/ant.html

- Maven
  https://pleiades.io/help/idea/maven-support.html

COLUMN　**Scalaのビルドツール**

　表8.1にはあげていませんが、Scalaのビルドツールは、**7章**でも紹介した、SBT（Simple Build Tool）と呼ばれる、Scalaをベースにしたビルドツールが広く利用されています（**表8.A**）。MavenやGradleなどのビルドツールを利用して、Javaプログラムのjarファイルを作成するときと同様に、SBTを使って、Scalaプログラムのjarファイルを作成することも可能です。

▼ 図8.A　SBTでビルドしたjarファイルを実行した様子

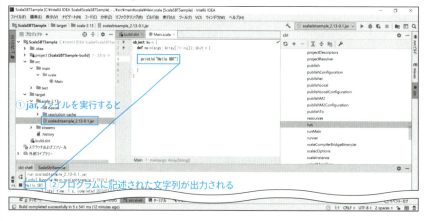

　なお、ScalaでSBTを使ったビルドの詳細については、**8-4**を参照してください。

▼ 図8.3　Mavenのビデオチュートリアル

Mavenを利用する

　それでは基本的なMavenの利用シーンについて見ていきましょう。ここでは、Mavenで、**リスト8.1**に示すMain.javaプログラムをJARファイルにする手順を紹介していきます。

▼ リスト8.1　JARファイルの対象となるソースプログラム「Main.java」

```
public class Main {

    public static void main(String[] args) {

      System.out.println("Hello World!");

    }

}
```

> **ONEPOINT**
> JAR（JavaARchive）ファイルとは、Javaの複数のクラスから構成されるアプリケーションを配布しやすいように、圧縮（アーカイブ）して一つのファイルにまとめたものです。

Mavenプロジェクトを作成する

　最初にMavenプロジェクトを作成する手順を紹介します。

1. IntelliJ IDEAの起動画面から、「新規プロジェクトの作成」をクリックします。
2. 「新規プロジェクト」ダイアログボックスでは、左の欄から「Maven」を選択し、「次へ(N)」ボタンで進みます（figure8.4）。

▼ 図8.4 「新規プロジェクト」ダイアログボックス

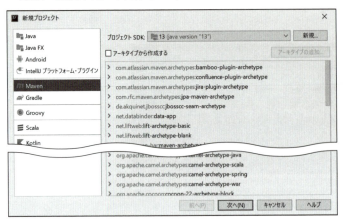

3. 次に表示された画面では、「グループID」欄と「アーティファクトID」欄に任意の文字列を入力して、「次へ(N)」ボタンをクリックします（図8.5）。

▼ 図8.5 「グループID」と「アーティファクトID」を入力する

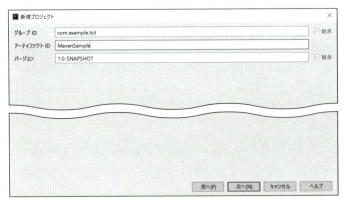

> ONEPOINT
>
> ここでは、「グループID」欄に「com.example.tsit」、「アーティファクトID」欄に「MavenSample」と入力しています。グループIDやアーティファクトIDの詳細については、P.326のコラムを参照してください。

4 次の画面では、プロジェクト名を入力して、あとはデフォルトのままで、「完了(F)」ボタンをクリックしてください（図8.6）。

▼ 図8.6　プロジェクト名を入力する

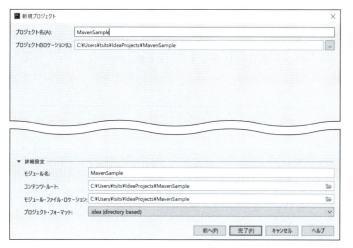

　これで、Mavenプロジェクトが完成しました。Mavenプロジェクトには、ビルド手順を記述するためのビルドファイル「pom.xml」が生成されています（図8.7）。

▼ 図8.7　完成したMavenプロジェクト

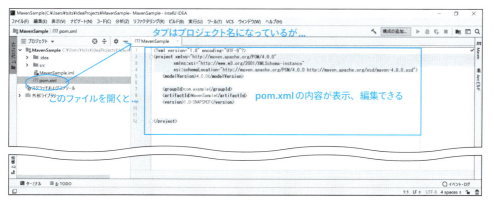

　図8.7で示したように、Mavenのビルドファイル「pom.xml」をエディターで開くと、エディターのタブには「MavenSample」と表示されますが、ファイルの内容は「pom.xml」です。

JARファイルの基になるMain.javaを作成する

次に、JARファイルの基になるMain.javaを作成する手順をあげておきます。

1. プロジェクトの階層にある「src」→「main」→「java」を右クリックして、ショートカットメニューから「新規(N)」→「Javaクラス」を選択します。
2. 「新規クラスの作成」ダイアログボックスでは、「名前：」欄にJARファイルの基になるクラス名（ここではMain）を入力して、＜OK＞ボタンをクリックします（図8.8）。

> **ONEPOINT**
> 「新規クラスの作成」ダイアログボックスにある「種類：」欄はデフォルトの「Class」であることを確認しておきましょう。

▼ 図8.8 「新クラスの作成」ダイアログボックス

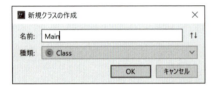

3. 生成されたMain.javaがエディター上に表示されます。リスト8.1で示したソースコードに以下の部分を入力してください。

```
public static void main(String[] args) {

    System.out.println("Hello World!");

}
```

これでビルドするための準備ができました。

Mavenビルドを実行するには、IntelliJ IDEAのメインメニューの左側にある「Maven」タブをクリックして、「プロジェクト名（ここではMavenSample）」→「Lifecycle」→「install」を右クリックして、ショートカットメニューにある「Mavenビルドの実行(R)」をクリックしてください。図8.9で示すように、ビルド実行後にはJARファイルが生成されます。

▼ 図8.9 Mavenビルドを実行する

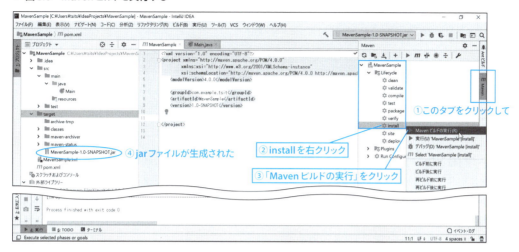

JARファイルの実行（Windowsの場合）

　JARファイルは、IntelliJ IDEAの画面から実行可能ですが、現在のJARファイルは、実行可能ファイルが必要となるため、ここではWindowsのコマンドプロンプトからの手順をあげておきます。

1　コマンドプロンプトを開き、JARファイルの保存場所まで移動してください。JARファイルは、プロジェクトが保存されているフォルダ内の「target」フォルダ内にあります（**図8.10**）。

▼ 図8.10　JARファイルの保存場所まで移動する。

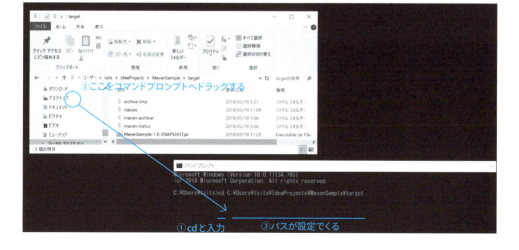

325

2 JARファイルの保存先で、以下のコマンドを実行します。

java –classpath MavenSample-1.0-SNAPSHOT.jar Main

> COLUMN **Mavenプロジェクトについて（補足）**
>
> 　Mavenプロジェクト作成時のダイアログボックスにある項目や、エラーが発生したときの対策についてあげておきましょう。
>
> ### ●グループIDとアーティファクトIDはJARファイルの名前や配置場所を示す
>
> 　デフォルトのJARファイルの名前は、「アーティファクトID名」＋「バージョン名」＋「.jar」です。
>
> 　図8.5では、アーティファクトIDに「MavenSample」と入力し、バージョン欄はデフォルトの「1.0-SNAPSHOT」であったため、JARファイルが、「MavenSample-1.0-SNAPSHOT.jar」になっています。
>
> 　JARファイルを格納場所となるMavenリポジトリに配置する場合は、「グループID」の「.（ドット）」を「/」に置き換えた文字列に、「バージョン名」を連ねたところが配置場所となります。したがって図8.5の場合なら、「グループID」が「com.example」であったため、配置場所は、「com/example/1.0-SNAPSHOT」となり、先のJARファイルは、「com/example/1.0-SNAPSHOT/MavenSample-1.0-SNAPSHOT.jar」で参照されるようになります。
>
> ### ●JDKのバージョンによるビルドエラー
>
> 　使用するJDKによっては、Mavenビルドを実行した際に、以下のエラーが発生することがあります（図8.B）。
>
> ▼ 図8.B　Mavenビルド時のエラー例
>
>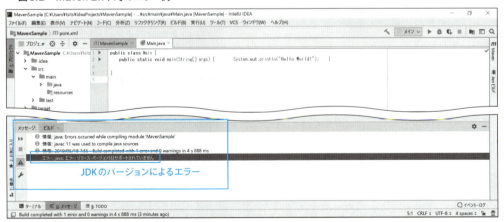
>
> 　このエラーは、現在利用中のJDKのバージョンの相違が原因です。以下の手順で、利用中のJDKのバージョンを切り替えれば、エラーを回避することができます。

1. IntelliJ IDEAのメインメニューから「ファイル(F)」→「プロジェクト構造」をクリックします。
2. 「プロジェクト構造」ダイアログボックスが表示されたら、左のメニュー欄にある「プロジェクト設定」内の「プロジェクト」が選択されていることを確認し、「プロジェクトSDK：」欄で、現在のバージョン以外のものを選択します（**図8.C**）。

▼ 図8.C 「プロジェクト構造」ダイアログボックスの「プロジェクトSDK：」欄

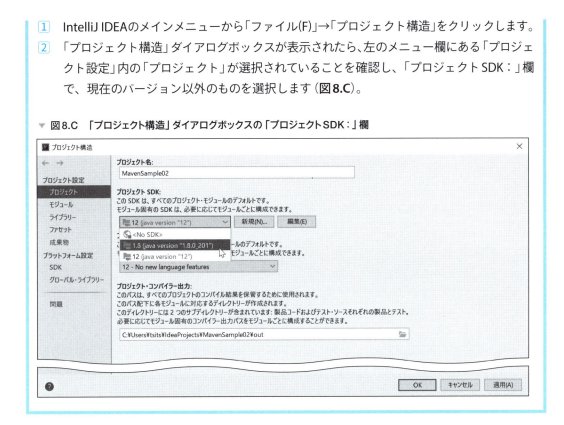

ONEPOINT

Windows10の場合、コマンドプロンプトは、「スタートメニュー」→「Windowsシステムツール」にあります。コマンドプロンプトで任意の保存先に移動するには、図8.10で示したように、「cd」コマンドの後に、エクスプローラーで開いた保存先をドラッグして Enter キーを押してください。

ビルドファイルを編集する

次は、実行可能なJARファイルを作成するため、ビルドファイル「pom.xml」を編集してみましょう。Mavenでは、maven-assembly-pluginというプラグインを使用することで、実行可能なJARファイルを作成することができます。**リスト8.2**に、現在のpom.xmlファイル内の最後（</project>タグの前）に追加するコードをあげておきます。

第8章　IntelliJ IDEAのビルドツール

▼ リスト8.2　pom.xmlに追加するコード

```
<build>
    <plugins>
        <plugin>
                <groupId>org.apache.maven.plugins</groupId>
                <artifactId>maven-assembly-plugin</artifactId>
                <configuration>
                    <descriptorRefs>
                        <descriptorRef>jar-with-dependencies</descriptorRef>
                    </descriptorRefs>
                    <archive>
                        <manifest>
                            <mainClass>Main</mainClass>
                        </manifest>
                    </archive>
                </configuration>
                <executions>
                    <execution>
                        <id>make-assembly</id>
                        <phase>package</phase>
                        <goals>
                            <goal>single</goal>
                        </goals>
                    </execution>
                </executions>
        </plugin>
    </plugins>
</build>
```

　リスト8.2の5行目では、<artifactId>タグでプラグイン（maven-assembly-plugin）の指定をしており、8行目の<descriptorRef>タグでは、プロジェクトと外部依存ライブラリを1つのJARファイルにまとめる記述があります。そして、12行目では<mainClass>タグで実行可能なmainメソッドを持つクラスファイル名を指定しています。

> ■ONEPOINT
>
> 　pom.xmlはAntのbuild.xmlよりも構成がシンプルでわかりやすくなっていますが、後述するGradleではXMLではなく、Java言語に近い文法でビルドファイルを構築できるため、さらにコードが見やすくなります。

JARファイルを作成する

pom.xmlの編集ができたら、Mavenビルドを実行して、JARファイルを作成してみましょう。

1. IntelliJ IDEAのメインメニューの右側にある「Maven」タブをクリックします。
2. 「プロジェクト名（ここではMavenSample）」から「Lifecycle」→「install」を右クリックして、ショートカットメニューにある「Mavenビルドの実行(R)」をクリックします。

これで、IntelliJ IDEAの左側にあるプロジェクトには、**リスト8.2**の<descriptorRef>タグにある「jar-with-dependencies」を加えたファイル名のJARファイルが生成されます（**図8.11**）。

▼ 図8.11　ビルドファイルによるJARファイルが生成された

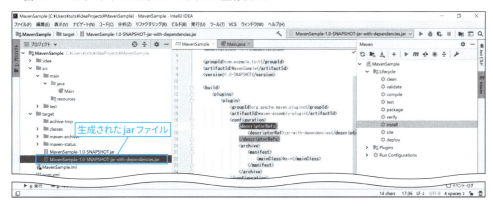

それでは、今回はIntelliJ IDEAの画面からJARファイルを実行してみましょう。図8.11で示したプロジェクト欄にあるJARファイル「MavenSample-1.0-SNAPSHOT-jar-with-dependencies.jar」を右クリックして、ショートカットメニューの「実行(U)」をクリックすると、IntelliJ IDEAの画面下側に実行結果のウィンドウが表示されます（**図8.12**）。

▼ 図8.12　IntelliJ IDEAの画面からJARファイルを実行した

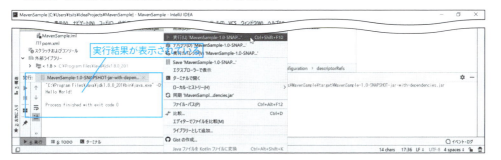

8-2 Gradleの基本操作

IntelliJ IDEAで利用できるビルドツールの最新版がGradleです。ここでは、まずGradle
をIntelliJ IDEAで使うための基本手順について見ていくことにしましょう

 Gradleの特徴

　Gradleは2007年に開発がスタートしたビルドツールで、MakeやAnt、Mavenなどと比べる
と歴史は浅いのですが、これまでのビルドツールのように、ビルド内容を記述するための専用ビ
ルドスクリプト「build.gradle」を持っています（表8.2）。

▼ 表8.2　ビルドツールのビルドスクリプト

ビルドツール	ビルドスクリプト
make	Makefile
Ant	build.xml
Maven	pom.xml
Gradle	build.gradle

　それでは、P.319で紹介したものも含め、Gradleの主な特徴をあげておきましょう。

- Groovyを利用
　AntやMavenのようにXMLでビルド処理を記述するのではなく、Groovyと呼ばれるJavaライクなス
クリプト言語を使用する

- タスクによる処理
　タスクと呼ばれる「作業単位」で、ビルド処理を記述する

- Mavenのセントラルリポジトリーに対応
　Gradleで利用されるライブラリがアップロードできるリポジトリー「jCenter」以外に、Mavenのセン
トラルリポジトリーにも対応している

> **ONEPOINT**
> リポジトリー（repository）とは、貯蔵庫や倉庫を意味する単語で、ライブラリなどが一元管理されている場所を指します。

Gradleプロジェクトを作成する

　Gradleは、Mavenと同様に、IntelliJ IDEAの起動画面から、プロジェクトを作成することが可能です。さっそく、GradleプロジェクトでP.324で紹介したJavaプログラムをJARファイルにする手順を紹介していきましょう。

1. IntelliJ IDEAの起動画面から、「新規プロジェクトの作成」をクリックします。
2. 「新規プロジェクト」ダイアログボックスでは、左の欄から「Gradle」を選択し、「追加のライブラリーおよびフレームワーク：」欄ではJavaにチェックが付いていることを確認して「次へ(N)」ボタンで進んでください（図8.13）。

▼ 図8.13　「新規プロジェクト」ダイアログボックス

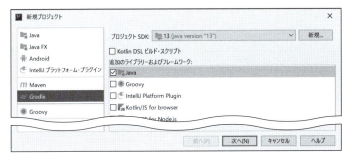

3. 次に表示された画面では、「グループID」欄と「アーティファクトID」欄に任意の文字列を入力して、「次へ(N)」ボタンをクリックします（図8.14）。

▼ 図8.14　「グループID」と「アーティファクトID」を入力する

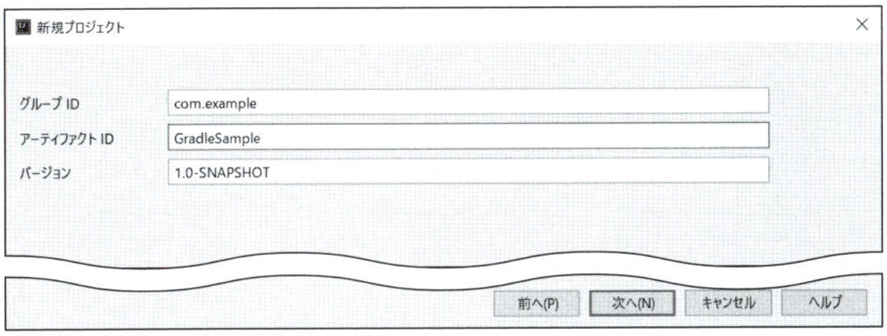

> **ONEPOINT**
> Mavenと同様にグループIDやアーティファクトIDの詳細については、P326のコラムを参照して下さい。

4　次の画面（図8.15）では、以下のデフォルト設定のままで、「次へ(N)」ボタンをクリックします。

①「自動インポートを使用する」はチェックされていない
②「モジュールのグループ化」は「修飾名を使用」が選択されている
③「ソース・セットごとに個別のモジュールを作成する」はチェックされている
④「デフォルトのgradleラッパーを使用する（推奨）」が選択されている

▼ 図8.15　この画面ではデフォルトのままで次へ進む

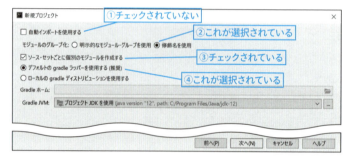

5　次の画面（図8.16）では、「プロジェクト名(A)：」欄と「モジュール名：」欄に手順3でアーティファクトIDに入力した文字列が割り当てられていることを確認して、「完了(F)」ボタンをクリックします。

▼ 図8.16　「プロジェクト名」と「モジュール名」はアーティファクトIDになっている

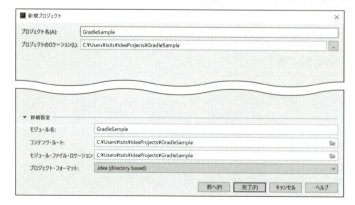

これで、Gradleプロジェクトが完成しました。プロジェクト内にはビルドスクリプト「build.gradle」が確認できます（**図8.17**）。

> **ONEPOINT**
> Windowsの場合、途中で「Windowsセキュリティの重要な警告」ダイアログボックスが表示されることがあるため、ダイアログボックスが表示されたら、「アクセスを許可する（A）」ボタンをクリックしてください。

▼ 図8.17　完成したGradleプロジェクト

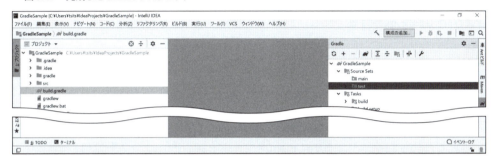

それでは、build.gradleファイルの構成について少し補足しておきましょう（**図8.18**）。

▼ 図8.18　build.gradleファイルの構成

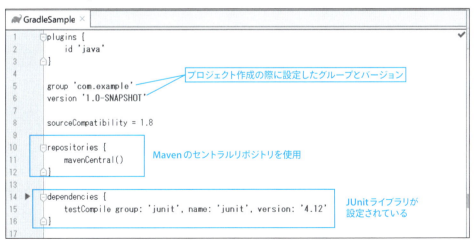

図8.18で示した「group」と「version」には、図8.14で設定したグループIDとバージョンが表示されています。「repositories」には、「mavenCentral」が記述されていますが、これは、P.330

第8章 IntelliJ IDEAのビルドツール

で紹介したMavenのセントラルリポジトリを利用して、プロジェクトに必要なライブラリをインポートするための指定です。

「dependencies」には、JUnitによるテストが実行できるように、グループIDやバージョンといった、JUnitで必要な情報が指定されています。

ONEPOINT

「dependencies」とは「依存」を意味します。

Gradleの基本操作

それでは、Mavenによるビルドの例と同じように、Javaのソースプログラムを基にしてJARファイルを作成していきましょう。

mainメソッドを持つJavaクラスを生成する

まずは、生成したGradleプロジェクトにmainメソッドを持つJavaクラスを追加します。

1. Gradleプロジェクト（ここではGradleSample）の左側にある階層から、「src」→「main」→「java」を右クリックします。
2. ショートカットメニューから「新規(N)」→「Javaクラス」をクリックします（図8.19）。

▼ 図8.19　ショートカットメニューから「新規(N)」→「Javaクラス」をクリックする

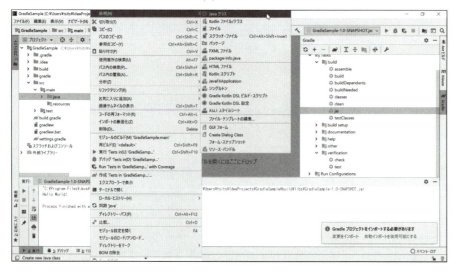

3 表示された「新規クラスの作成」ダイアログボックスでは、「名前：」欄にJavaのクラスファイル名（ここではMain）を入力して＜OK＞ボタンをクリックします（図8.20）。

▼ 図8.20 「新規クラスの作成」ダイアログボックス

4 生成されたクラスファイルをエディターで開き、P.324と同じソースコードを入力します（図8.21）。

▼ 図8.21 クラスファイルが生成された例

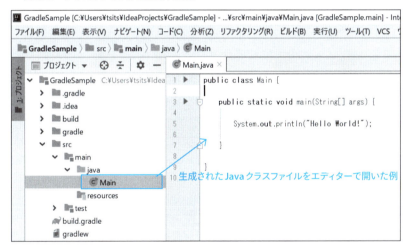

JARファイルを作成する

それでは、生成したクラスファイルを基にJARファイルを作成してみましょう。

1　IntelliJ IDEAのメインメニュー右側にある「Gradle」タブをクリックします。
2　「Gradle」ウィンドウのプロジェクト名（ここではGradleSample）の配下にある「Tasks」→「build」→「jar」を右クリックします。
3　ショートカットメニューから「実行(U)」をクリックします（図8.22）。

▼ 図8.22　JARファイルを作成する

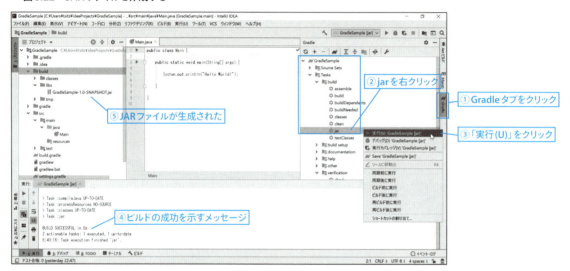

図8.22で示したように、JARファイルはIntelliJ IDEAのメインメニュー左側にあるプロジェクト階層の「build」→「libs」フォルダ内に生成されます。

> **ONEPOINT**
> このJARファイルを実行しても、ファイルが不足しているため、エラーになります。正常に動作する例は後述しますが、Windowsのコマンドプロンプトからの実行例は、P.325を参照してください。

Gradleのビルドファイルを編集してJARファイルを実行する

　それでは、Gradleのビルドファイル「build.gradle」を編集して、先のJARファイルをエラーなしで実行できるようにしてみましょう。build.gradleファイルの末尾に以下のコードを追加します。

```
jar{
    manifest {
        attributes 'Main-Class': 'Main'
    }
}
```

先のコードは、P.328 で紹介した Maven のビルドファイル「pom.xml」に記述した例と同様に、実行可能な main メソッドを持つクラスファイル名（ここでは Main）を指定しています（**図8.23**）。

▼ 図8.23　build.gradle ファイルに main メソッドを持つクラスファイル名を追加した例

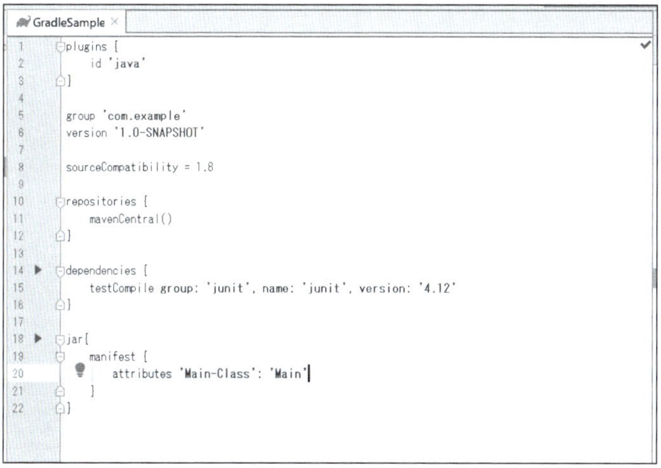

それでは、再度 Gradle ビルドを行い、JAR ファイルを実行してみます。

1　IntelliJ IDEA のメインメニュー右側にある「Gradle」タブをクリックします。

2　「Gradle」ウィンドウのプロジェクト名（ここでは GradleSample）の配下にある「Tasks」→「build」→「jar」を右クリックします。

3　ショートカットメニューから「実行(U)」をクリックし、IntelliJ IDEA のメインメニュー左側にあるプロジェクト階層の「build」→「libs」フォルダ内に生成された JAR ファイル（ここでは「GradleSample-1.0-SNAPSHOT.jar」）を右クリックします。

4　ショートカットメニューから「実行(U)」をクリックします。

図8.24は、エラーなしで JAR ファイルを実行した例です。

▼ 図8.24　JARファイルを実行した例

8-3　Gradleによるビルド体験

Gradleの基本機能を知ったところで、次は、実際の具体的な定義などについて紹介していきます。

 Gradleからプログラムをテストする

Gradleプロジェクトでは、**7章**で紹介したJUnitによるテストも可能です。ここでは、**リスト8.3 〜リスト8.5**に示すプログラムのテストを実施してみましょう。テストクラスの作成手順については、P.272を参照してください。

▼ リスト8.3　メインメソッドを持つクラス（Main.java）

```
public class Main {
    public static void main(String[] args){
        Calc calctax = new Calc();
        int price = calctax.taxIn(1000);
        System.out.println(price);
```

8-3　Gradleによるビルド体験

```
    }
}
```

▼ リスト8.4　テストされるメソッドを持つクラス（Calc.java）

```java
public class Calc {
    public int taxIn(int price){

        final double TAXRATE = 0.08; //税率

        // Tax 税込み金額を計算する
        int postTax = (int)(price * (1 + TAXRATE));
        // Tax 税込み金額を返す
        return postTax;
    }
}
```

▼ リスト8.5　テストを実施するクラス（CalcTest.java）

```java
import org.junit.Test;

import static org.junit.Assert.*;

public class CalcTest {

    @Test
    public void testTaxIn() {
        Calc tax = new Calc();
        assertEquals(1080, tax.taxIn(1000));
    }
}
```

　テストは、IntelliJ IDEAのメインメニュー右側にある「Gradle」タブをクリックして、以下に示す「test」メニューから実行します。

① IntelliJ IDEAのメインメニュー右側にある「Gradle」タブをクリックします。
② 「Gradle」ウィンドウのプロジェクト名（ここではGradleTest）の配下にある「Tasks」→「verification」→「test」を右クリックします。
③ ショートカットメニューから「実行(U)」をクリックします（**図8.25**）。なお、「test」をダブルクリックしても実行できます。

339

▼ 図8.25　「Tasks」→「verification」→「test」からテストを実行する

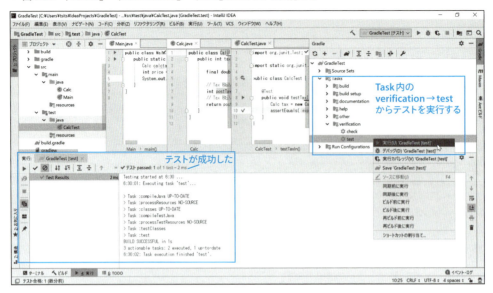

　testタスクが実行されると、ビルド元のプロジェクト（ここでは「GradleTest」）が保存されているフォルダ内の「build」→「reports」→「tests」→「test」フォルダーにレポートが生成されます（**図8.26**）。

▼ 図8.26　「build」→「reports」→「tests」→「test」フォルダー

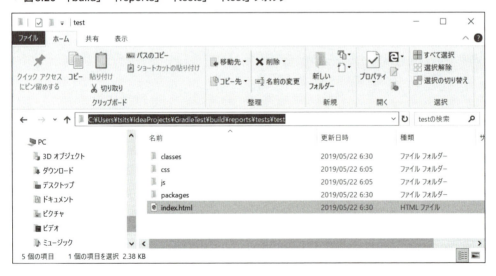

なお、レポートはHTMLで作成されているため、「test」フォルダー内のindex.htmlファイルをダブルクリックすれば、テストのレポートが表示されます（**図8.27**）。

▼ 図8.27　index.htmlをダブルクリックしてテストの実行結果を表示させた例

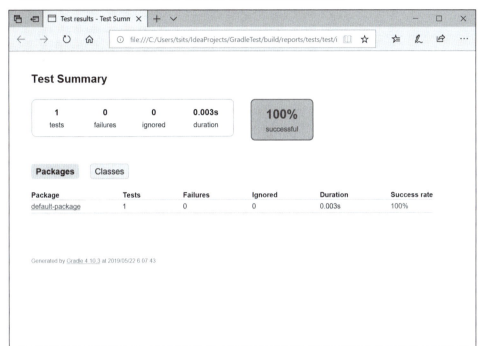

GradleでJavadocを作成する

　Javadocとは、Javaのソースコード上にあるクラスやメソッドの概要や仕様を、HTMLなどの形式で生成する仕組みです。Gradleでは、あらかじめJavadocのタスクが用意されているため、タスクを実行するだけで、簡単にJavadocを作成することができます。以下に、Javadocを作成する手順をあげておきましょう。

1. IntelliJ IDEAのメインメニュー右側にある「Gradle」タブをクリックします。
2. 「Gradle」ウィンドウのプロジェクト名（ここではGradleGroovy）を開き、「documentation」→「javadoc」を右クリックします。
3. ショートカットメニューから「実行(U)」をクリックします。「javadoc」をダブルクリックしても実行できます。

これでJavadocが作成されます（図8.28）。Javadocは、ビルド元のプロジェクト（ここでは「GradleGroovy」）が保存されているフォルダ内の「build」→「docs」→「javadoc」フォルダにHTMLファイルで生成されます。

▼ 図8.28　Javadocタスクを実行しJavadocを作成した例

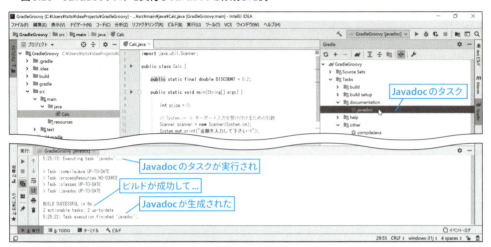

図8.29は、IntelliJ IDEAの左側にあるプロジェクト階層から表示させた例ですが、この階層からWebブラウザを起動してJavadocを確認することもできます。

▼ 図8.29　IntelliJ IDEAからJavadocを開くメニュー

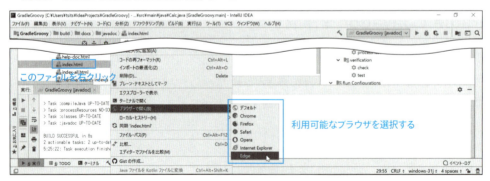

① プロジェクト階層内の「build」→「docs」→「javadoc」フォルダを開きます。
② 「javadoc」フォルダ内にある「index.html」を右クリックします。
③ 表示されたショートカットメニューから「ブラウザで開く(B)」を選択して、表示されたブラウザの中から利用可能なものをクリックします。

> **ONEPOINT**
> 手順 3 では、利用中のPC（OS）にインストールされているものを選択してください。

　これで、Javadocを表示させることができます。以下は、Microsoft EdgeブラウザでJavadocを開いた例です（**図8.30**）。

▼ 図8.30　Javadocを開いた例

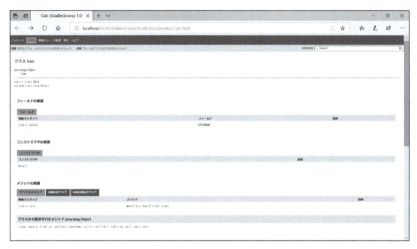

 ## Groovyでビルド処理を記述する

　AntやMavenでは、XMLでビルド処理を記述しましたが、Gradleは、「Groovy」と呼ばれるスクリプト言語を利用します。Groovyは、JVM（Java Virtual Machine：Java仮想マシン）で動作する、Javaに似た文法記述できるオープンソースのスクリプト言語です。

　すでに「build.gradle」ファイルが何度か登場していますが、「build.gradle」はGroovyによって記述されています。また、P.337の「build.gradle」ファイルは、mainメソッドを持つクラスや「build.gradle」の記述が不足していたため、Groovyによる記述を行いました。まずは、この処理を再度振り返ってみましょう。先の記述の構成についてあげておきます。

```
01: jar{                                    タスク名
02:     manifest {                          マニフェストファイルの編集
03:         attributes 'Main-Class': 'Main' マニフェストファイルの属性を記述
04:     }
05: }
```

JARファイルには、クラスパスやmainメソッドを持つクラスを知らせるためのマニフェストファイル「MANIFEST.MF」が必要ですが、この記述を追加することで「MANIFEST.MF」が編集可能となります。例えば、mainメソッドを持つクラスファイルの名前が「Calc」なら3行目の記述を、

```
03: attributes 'Main-Class': 'Calc'
```

とするだけです。

図8.31は、mainメソッドを持つクラスファイルを「Calc」に変更し、マニフェストファイル「MANIFEST.MF」を編集した例です。

> ONEPOINT
> MANIFEST.MFは、IntelliJ IDEAの左側にあるプロジェクト階層の「build」→「tmp」→「jar」フォルダ内にあります。

▼ 図8.31 Groovyによる記述で「MANIFEST.MF」が編集された例

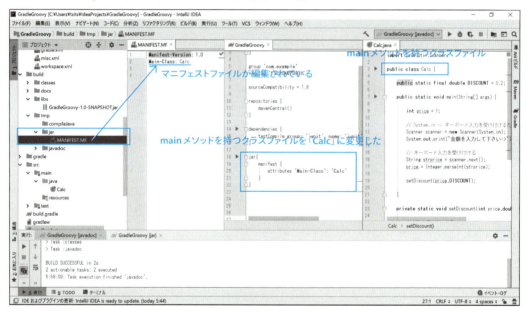

図8.31で示したように、Groovyによる記述で、マニフェストファイルの内容が編集されていることがわかります。

Groovyでその他のタスクを実行する

これまでは、主にJavaプラグインに関するタスクを取り上げてきましたが、Groovyでは、「task」というキーワードの後に、任意のタスク名を記述して処理させることも可能です。以下は、「hello」というタスクを記述した例です。

```
01: task hello {
02:     println 'Hello World'
03: }
```

helloタスクでは、「Hello World」を出力します。以下に、helloタスクを実行する手順をあげておきましょう。

1. 「build.gradle」ファイルの最後尾に、先のhelloタスクを記述します。
2. IntelliJ IDEAのメインメニュー右側にある「Gradle」タブをクリックします。
3. 「Gradle」ウィンドウの左上にある「すべてのGradleプロジェクトのリフレッシュ」ボタンをクリックします。
4. 「Gradle」ウィンドウのプロジェクト名（ここではGradleTest）の配下にある「Tasks」→「other」→「hello」を右クリックします。
5. ショートカットメニューから「実行(U)」をクリックします（図8.32）。

▼ 図8.32　helloタスクを実行した

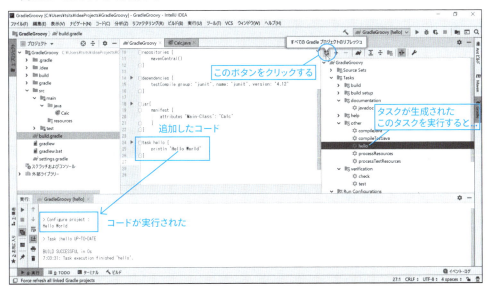

> **ONEPOINT**
> 手順 3 のボタンをクリックすることで、helloタスクが生成されます。

　1章でも触れましたが、GroovyはJavaの構文に準拠しているため、helloタスク内に記述したJavaと同じprintlnメソッドなどが使用できます。以下に変数や計算式を使ったタスク「sum」と実行結果をあげておきましょう（**リスト8.6**、**図8.33**）。

▼ リスト8.6　変数や計算式を使ったタスク「sum」

```
01: task sum {
02:     int x = 10
03:     int y = 20
04:     int z = 30
05:     println("合計は" + (x + y + z) + "です")
06: }
```

▼ 図8.33　変数や計算式を使ったタスク(sum)の実行結果

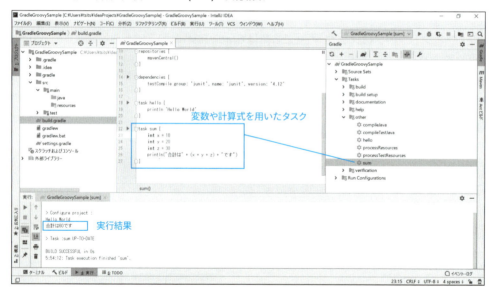

 ## アクションリストを使う

　これまで紹介したタスクは、build.gradleファイルに記述した順番に実行されますが、以下の「アクションリスト」と呼ばれる記述を追加すれば、実行するタスクの順番を変更することができます。

- doFirst　タスクの最初に実行されるアクション
- doLast　タスクの最後に実行されるアクション

それでは、これらのアクションリストを以下のように記述して、挙動を確認してみましょう（図8.34）。

```
01: task action{
02:     doLast {
03:         println("doLastを指定した部分")
04:     }
05:     doFirst {
06:         println("doFirstを指定した部分");
07:     }
08: }
```

▼ 図8.34　アクションリストを追加したタスクを実行させた例

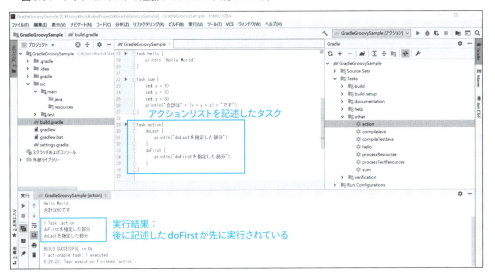

このように、記述した順番とは別に、アクションの処理順で実行されていることがわかります。

第8章　IntelliJ IDEAのビルドツール

8-4　ScalaのSBTによるビルド体験

ScalaでビルドをDN行う場合は、SBTが広く利用されています。本章の最後では、SBTプロジェクトを用いて、Scalaプログラムのjarファイルを作成する手順を紹介しましょう。

 SBTプロジェクトでビルド時の設定を行う

それでは、ビルド体験として、Scalaプログラムのjarファイルを作成していきましょう。まずは、**7章**のP.303で紹介した手順でSBTプロジェクトを作成します（SBTプロジェクトの名前は、「ScalaSBTSample」とします）。

次に、以下の手順でビルド時の設定を行います。

① IntelliJ IDEAの画面右上にある「構成の追加」をクリックします（**図8.35**）。

▼ 図8.35　画面右上にある「構成の追加」

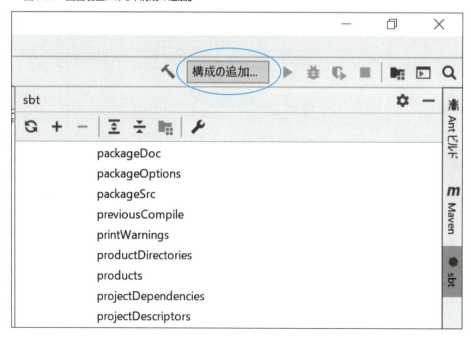

348

2 「実行/デバッグ構成」ダイアログボックスが表示されたら、左上の「＋」をクリックして、表示されたメニューにある「sbt Task」を選択してください（図8.36）。

▼ 図8.36 「実行/デバッグ構成」ダイアログボックス

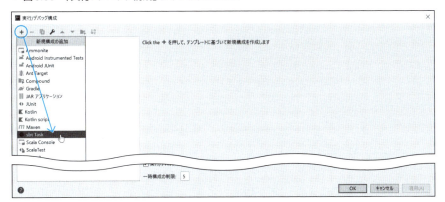

3 設定画面では、「名前：」欄にプロジェクト名などを（ここではScalaSBTSample）入力し、「タスク：」欄には、タスク名（ここではrun）を入力してください。さらに「Use sbt shell」にチェックを付けてsbt shellが使用できるようにして＜OK＞ボタンをクリックします（図8.37）。

▼ 図8.37 「名前：」と「タスク：」欄に文字列を入力する

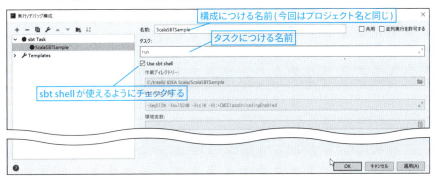

次に、ビルド元となるScalaプログラムを作成しましょう。

1 プロジェクト欄にあるプロジェクト（ここではScalaSBTSample）配下の「src」→「main」→「scala」フォルダを右クリックします。

2 ショートカットメニューから「新規(N)」→「Scalaクラス」を選択します（図8.38）。もし、「Scalaクラス」が表示されない場合は、P.305を参照して、フレームワークを作成してください。

▼ 図8.38　ショートカットメニューから「Scalaクラス」を選択する

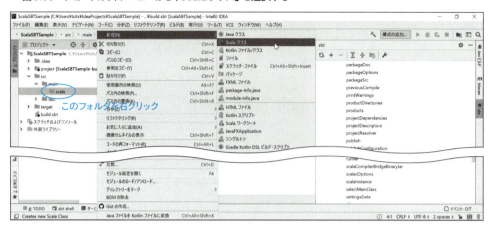

3　「新規Scalaクラスの作成」ダイアログボックスでは、「名前：」欄に名前（ここではMain）を入力し、「種類：」欄は「Object」を選択して、＜OK＞ボタンをクリックしてください（**図8.39**）。

▼ 図8.39　「新規Scalaクラスの作成」ダイアログボックス

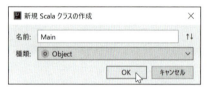

4　Scalaのオブジェクトファイル（ここではMain.scala）が生成されたら、SBTによるビルド結果を検証するために、次のソースコードを追加しましょう。

```
object Main {
  def main(args: Array[String]): Unit = {

    println("Hello SBT")

  }
}
```
　　　　　　　　　　　　　　　　　　ここから追加

5　IntelliJ IDEAのメインメニュー右上が、P.348の「構成の追加」で作成した「ScalaSBTSample」になっていることを確認して、実行ボタンをクリックします（**図8.40**）。

▼ 図8.40 プログラムを実行した

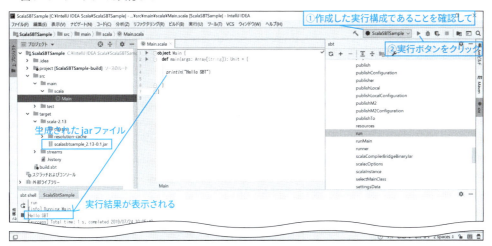

図8.40で示したように、IntelliJ IDEA画面下の「sbt shell」ウィンドウ内に、実行結果が表示されたら、プロジェクトのビルドが完了です。なお、図8.40では、プロジェクト階層化の「target」フォルダ配下に、jarファイルが生成されていることが確認できます。

もし、jarファイルが生成されない場合は、しばらく待つか、以下の手順でscalaのプログラム (ここではMain.Scala) を実行させてください。

1. IntelliJ IDEAのプロジェクト欄のプロジェクト名フォルダ下にある、「src」→「main」→「scala」→「scalaのプログラムファイル (ここではMain.scala)」を右クリックします。
2. ショートカットメニューが表示されたら、「実行(U)」をクリックします (図8.41)。

▼ 図8.41 scalaのプログラムを実行する

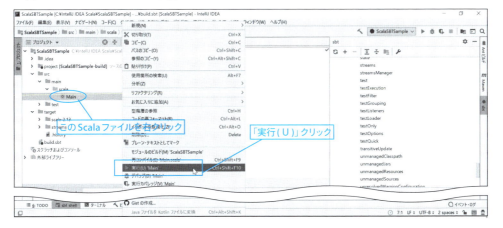

> COLUMN **Scalaのチュートリアル**
>
> Scalaの公式ページにあるチュートリアルには、IntelliJ IDEAでSBTを使用したScalaプログラミングの構築手順などが紹介されています。これからIntelliJ IDEAでScalaを学習したいという方は、是非こちらのサイトを参考にしてください。
>
> - Scalaの公式ページにあるチュートリアル
>   https://docs.scala-lang.org/ja/getting-started/intellij-track/getting-started-with-scala-in-intellij.html
>
> ▼ 図8.D　Scalaの公式ページにあるSBTに関するチュートリアル
>
>

第 9 章

チーム開発

IT企業でのプログラム開発は、複数人で行うことがほとんどであり、チーム開発では、バージョン管理が重要です。最終章となる第9章では、複数人でのプログラム開発を効率よく行うために、Gitを使ったIntelliJ IDEAで実現できるバージョン管理の具体例について紹介していきます。

本章の内容

9-1 チーム開発に必要な前提知識

9-2 Gitによるチーム開発

9-3 Gitの実践

第9章 チーム開発

9-1 チーム開発に必要な前提知識

IT企業におけるシステム開発のほとんどは、チームで行います。まずは、チームについて改めて考えてみることにしましょう。チームの定義が明確になれば、チーム開発で必要なものが見えてきます。

グループとチームの違い

複数人で作業をする場合の単位は、チーム以外にグループがあります。では、チームとグループはどう違うのでしょうか？

辞書などではそれぞれ次のように説明されています。

- グループ (group)
  仲間、集団。共通する性質などで分類された人や物「例) Aグループ、上位グループ、グループ企業」
- チーム (team)
  ある目標や目的を達成するために作られたグループ。スポーツや共同作業を遂行するために作られたグループ「例) プロジェクトチーム、サッカーチーム」

もうおわかりですね。チームは単なる複数人の集まりではなく、「目標や目的を達成するために作られたグループ」というわけです。

そしてシステム開発をチームで行うことは、「システムの完成を目標としたグループによる作業」であり、チームに属するメンバーは、チームとして行動する必要があります。

チーム開発とチームワーク

システム開発に限らず、チームとして行動するには、「チームワーク (team work)」が大切です。普段からよく耳にするこの言葉を改めて調べてみると、

「目標や目的を達成するために、チームメンバーで役割を分担して協働すること」

ということです。

また、チームワークを良くするためには、最低でも次のような条件をクリアする必要があります。

①目標や目的が明確である
②メンバーの役割がきちんと決まっている
③メンバーが同じ情報を共有している必要がある

　この中でも、チーム開発においては、③の仕組み作りが大切です。①、②であげた目標や目的、そしてメンバーの役割分担が明確でメンバーがいかにやる気になって開発に臨んでいても、同じ情報を共有できなければ各々が制作したプログラムが結合できなかったり、無駄な作業やバグが発生する可能性が高くなり、その結果メンバーのモチベーションが下がりチームワークが低下します。図9.1は、チームメンバー各々が作成したプログラムについての情報が共有できていないケースです。

▼ 図9.1　チーム開発で情報共有ができないと

　チーム開発では情報の共有が重要なテーマとなります。これらを怠れば、ソースプログラムの差異や競合が発生する可能性が高くなり、その結果バグや手戻りが発生し、チームワークの低下はもちろんのこと、進捗やシステムの品質に大きな影響を及ぼすことになりかねません。

チーム開発で重要なバージョン管理

　チーム開発の中でも、重要な管理の一つが「バージョン管理」です。バージョン管理では、「いつ」「誰が」「何を」変更したかを記録していきます。適切なバージョン管理を行えば、どのソースプログラムを更新すればよいかといったことが明確になり、figure 9.1で示したようなトラブルを未然に防ぐことができます。

　以下に、バージョン管理を行う具体的なメリットについてあげておきましょう。

- 誰がいつ変更したかがわかる（変更内容の履歴が残せる）
- どこが変更されているのかが把握しやすい（変更内容の差分確認が容易）
- 古いバージョンに戻すこともできる
- 他メンバーの更新内容を誤って上書きすることを防止できる

> **ONEPOINT**
> 　バージョン管理には、ソースプログラムの管理だけでなく、仕様書などのドキュメント類の管理も含まれます。

COLUMN　チケット管理とは

　チーム開発では、バージョン管理以外に、チケット管理も重要になります。チケット（ticket）は、日常では入場券や乗車券などをイメージしますが、システム開発というプロジェクトを管理する際には、「実施すべき作業」「修正すべきバグ」といった項目をチケットとして扱い、それぞれの具体的な内容、優先度、担当者、期日、進捗状況などを管理します。

　本書では、チケット管理の詳細については触れませんが、以下にプロジェクト管理ができるオープンソースソフトウェアで、かつ代表的なチケット管理ツールでもある「Redmine」を紹介しておきます（figure 9.A、figure 9.B）。

▼ 図9.A　Redmineの日本語サイト（http://redmine.jp/）

バージョン管理システム

　バージョン管理システムは、「集中管理型」と「分散管理型」の2つに大別されます（**図9.2**）。集中管理型は、いわゆる「クライアント・サーバー型」のバージョン管理システムで、サーバーに置かれた「リポジトリー（貯蔵庫）」と呼ばれる場所にソースプログラムなどを保存します。チームメンバーは、サーバーのリポジトリーを共有しており、ソースプログラムをリポジトリーから取り出して更新作業を行います。また、更新作業が終了したら、リポジトリーに戻すため、リポジトリーとは常に接続されている必要があります。

▼ 図9.2　集中管理型と分散管理型のバージョン管理システム

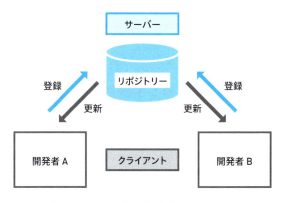

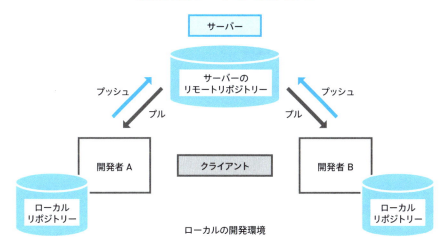

「分散管理型」では、リポジトリーをローカルにも用意できる他、機能追加やバグ修正などの作業それぞれにリポジトリーを用意して、本筋とは離れた作業を並行して行うことが可能です。

「集中管理型」「分散管理型」それぞれの代表的なバージョン管理システムを**表9.1**に示します。

▼ 表9.1　代表的なバージョン管理システム

バージョン管理システム名	管理型	特徴
CVS (Concurrent Versions System)	集中管理型	集中管理型の草分け的なシステム。リポジトリーは基本的にUnix (Linux) 系OSのサーバーで動作 (Windows系のものは有償)
SVN (Subversion)	集中管理型	CVSの後継。CVSはファイル単位での管理だったが、SVNでは、リポジトリー単位となった。「VisualSVN Server」というWindows用のサーバーソフトウェアが利用できる
Git	分散管理型	ネットワークに接続されていなくても、ローカルのリポジトリーを使ってバージョン管理ができる。また、チームで利用する場合は、サーバーの役割としてGitHubというサービスなどが利用できる

COLUMN　**バージョン管理システムのブランチ機能**

　チーム開発では、複数のメンバーが並行して別々の機能追加を行ったり、バグ修正を行うことがあります。バージョン管理システムでは、このような作業を「ブランチ」と呼ばれる機能でサポートします。「ブランチ (branch)」は「枝」を意味しますが、バージョン管理システムでは、機能追加やバグ修正などで、本筋とは枝分かれさせたい部分をブランチで管理して、コード編集の作業を個別に行うことが可能になっています (**図9.C**)。

▼ 図9.C　ブランチのイメージ

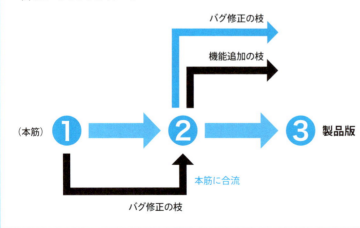

9-2 Gitによるチーム開発

現在主流のバージョン管理システムは「分散管理型」と呼ばれるもので、その中でも代表的なものが「Git」です。本章の最後に、チーム開発をテーマにして、Gitの利用シーンを紹介しましょう。

Gitとは

P.358でも取り上げましたが、Gitは現在主流となっている「分散管理型」のバージョン管理システムの一つです。表9.1で紹介した「集中管理型」のSubversionなどが、リポジトリ（リモートリポジトリ）をサーバーで一元管理していたのに対して、Gitでは、リポジトリを開発者それぞれのコンピュータ上に複製して、「ローカルリポジトリ」として管理します。ローカルリポジトリを持つことで、サーバーにアクセスする回数が軽減し、運用しやすくなるなどといった利点があります。

> **ONEPOINT**
> JavaとScalaに限らず、様々なプログラム言語でも、Gitや後述するGitHubの設定や使用手順については同じです。

GitHubとは

Gitがトレンドとなった一因に「GitHub」の存在があります。GitHubは、米GitHub社が2008年4月より開始したサービスです（図9.3）。

Gitのホスティングサービスとして、Gitのローカルリポジトリをリモートリポジトリとして管理できるサーバーとしての役割だけでなく、SNSのように、他の開発者とのコミュニケーションツールを搭載しているため、特にチーム開発に適しています。

▼ 図9.3　GitHubのサイト

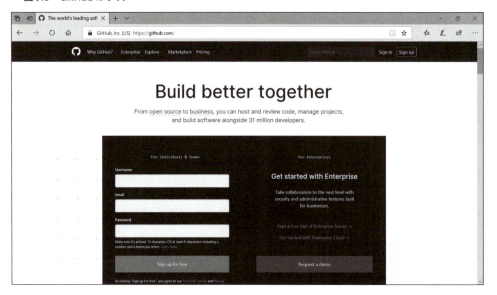

> ONEPOINT
> ホスティングサービスとは、ユーザーが運営や管理をしなくても利用できるサービスを指します。

GitHubを利用してみる

　チーム開発におけるGitの利用にはGitHubが必要不可欠です。GitHubの利用には、アカウントが必要となるため、まずはアカウントの登録手順をあげておきます。

1　GitHubのサイト（https://github.com）にアクセスし、右上の「Sign up」をクリックします。
2　Join GitHubの画面では、必要な情報を入力して、「Create an account」ボタンをクリックします（図9.4）。ちなみに、各項目の右側に緑のチェックが付けば、入力した項目は使用可能と判断されるため、次の項目へ進むことができます。

▼ 図9.4 Join GitHubの画面では必要な情報を入力

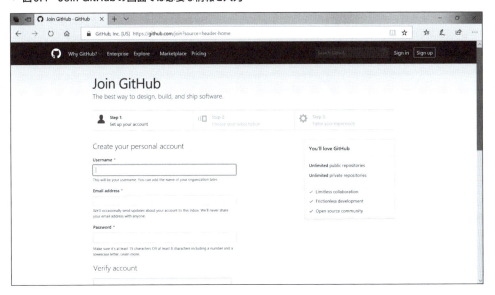

3 「Welcome to GitHub」の画面では、無料プランの「Free」が選択されている状態で「Continue」ボタンをクリックします（図9.5）。

▼ 図9.5 無料プラン「Free」を選択する

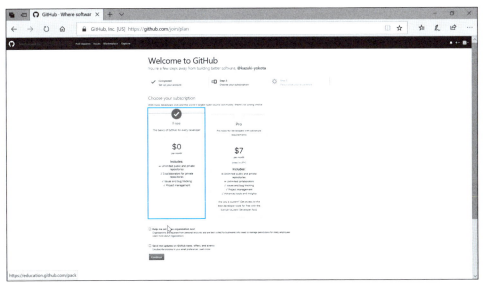

第9章 チーム開発

> **ONEPOINT**
> 「Free」を選択すると、制限付きでの無料利用となります。制限なしで利用したい場合は、右側の「Pro」を選択してください。ただし、月7ドルの有料となります。

4. 次の画面では、アンケート項目に答えて「Submit」ボタンをクリックするか、答えたくない場合は、「skip this step」をクリックして次へ進みます（**図9.6**）。

▼ 図9.6 アンケートに答えるか否かで次へ進む

5. 「Please verify you email address」の画面では、手順2で登録したメールアドレス宛のメールを確認するようにというメッセージが表示されているので、メールを確認します（**図9.7**）。

▼ 図9.7 「Please verify you email address」画面

6 受信したメールにある「Verify email address」をクリックします（図9.8）。

▼ 図9.8 「Verify email address」をクリックする

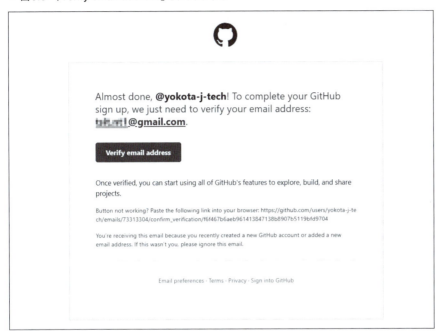

登録したメールアドレスに、「Thanks for verifying your email address」というタイトルで、図9.9に示す内容のメールが届けば登録完了となります。

▼ 図9.9 登録完了を示すメールの内容

リポジトリーを作成する

　Gitでは、開発者のコンピュータ側のリポジトリーをローカルリポジトリー、GitHub側をリモートリポジトリーと呼びます。ここでは、GitHub側のリモートリポジトリーを作成します。

1　GitHubの画面にある「Start a project」ボタンをクリックします（**図9.10**）。

▼ 図9.10 「Start a project」ボタンをクリックする

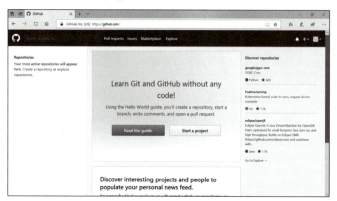

2　「Create a new repository」の画面では、「Repository name」にリポジトリー名を入力して、「Public」が選択されている状態で「Create repository」ボタンをクリックします（**図9.11**）。

▼ 図9.11 リポジトリーを作成する画面

プロジェクトをコミットする

次に、IntelliJ IDEAのプロジェクトをコミットする手順を紹介しましょう。まずは、Gitのローカルリポジトリーを作成する手順をあげておきます。

1. IntelliJ IDEAのメインメニューにある「VCS」→「バージョン管理統合を使用可能にする(E)」をクリックします（図9.12）。

2. 「バージョン管理統合を使用可能にする」ウィンドウが表示されるので、「プロジェクト・ルートに関連付けるバージョン管理システムを選択：」欄で「Git」を選択して、＜OK＞ボタンをクリックします（図9.13）。

▼ 図9.12 「バージョン管理統合を使用可能にする(E)」をクリックする

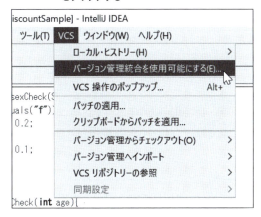

▼ 図9.13 「バージョン管理統合を使用可能にする」ウィンドウ

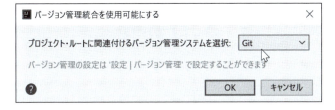

> **ONEPOINT**
> リポジトリを任意のディレクトリーに作成する場合は、P.371のコラムを参照してください。

3. プロジェクトの最上部のディレクトリー（ここでは「DiscountSample」）を右クリックして、ショートカットメニューから、「Git(G)」→「追加」をクリックし（図9.14）、作成したリポジトリにプロジェクトのファイルを追加します。

第9章　チーム開発

▼ 図9.14　ショートカットメニューから、「Git(G)」→「追加」をクリックする

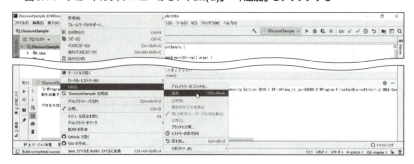

[4] 再度、プロジェクトの最上部のディレクトリー（ここでは「DiscountSample」）を右クリックして、ショートカットメニューから、「Git(G)」→「ディレクトリーのコミット(I)」をクリックします。IntelliJ IDEAのメインメニューから、「VCS」→「Git(G)」→「ディレクトリーのコミット(I)」をクリックしても同じ操作ができます。

> **ONEPOINT**
> 「ディレクトリーのコミット(I)」は「Commit Directory」と英文表記の場合もあります。

[5] 「変更のコミット」ダイアログボックスが表示されたら、「作成者」や「コミット・メッセージ」欄に必要項目を入力して、「コミット(I)」ボタンをクリックします（図9.15）。

▼ 図9.15　「変更のコミット」ダイアログボックス

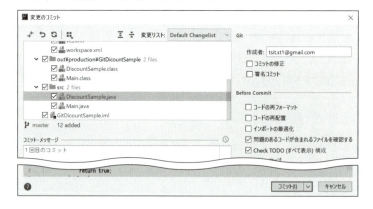

> **ONEPOINT**
> 「作成者」には、P.360で作成したGitHubのアカウント名や登録時のメールアドレスを入力します。

コミット時に警告があると図9.16のダイアログが表示されます。警告の内容を確認したり、修正したい場合は、「レビュー(R)」ボタンを、コミットを続ける場合は「コミット(I)」をクリックしてください。もし、「コミット(I)」をクリックした後に、「Gitへファイル追加」メッセージが表示された場合は、「はい(Y)」をクリックして進んでください。

▼ 図9.16　コミット時に警告があった場合のメッセージ

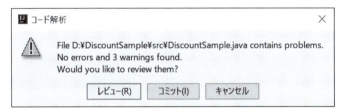

なお、コミットが成功したか否かは、IntelliJ IDEAの画面右下にある「イベント・ログ」ウィンドウで確認できます。図9.17に成功した場合のメッセージをあげておきましょう。

▼ 図9.17　「イベント・ログ」ウィンドウでコミットの結果が確認できる

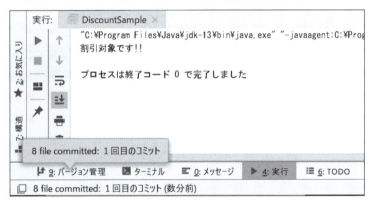

 コミットしたプロジェクトをGitHubへアップロードする

次に、コミットしたプロジェクトをP.364で作成したGitHubへアップロードしてみましょう。

1. IntelliJ IDEAのメインメニューから、「VCS」→「バージョン管理へインポート」→「GitHubでプロジェクトを共用」を選択します（図9.18）。

第9章　チーム開発

▼ 図9.18　「VCS」メニューにある「GitHubでプロジェクトを共用」を選択する

2. 「GitHubでプロジェクトを共用」ダイアログボックスが表示されたら、説明欄などに必要事項を入力して「共用」ボタンをクリックします（図9.19）。

3. 「Githubにログイン」ダイアログボックスでは、P.360で作成したGitHubへログインするためのアカウント（メールアドレスとパスワード）を入力して、＜ログイン＞ボタンをクリックします（図9.20）。

▼ 図9.19「GitHubでプロジェクトを共用」ダイアログボックス　　▼ 図9.20　「Githubにログイン」ダイアログボックス

4. 手順2とは異なる「GitHubでプロジェクトを共用」ダイアログボックスが表示されるので、「共用」ボタンをクリックします（図9.21）。

▼ 図9.21　新たな「GitHubでプロジェクトを共用」ダイアログボックス

COLUMN　イベントログでエラーがでたとき

コミットが失敗したときのよくあるエラーに、以下のものがあります。

●コミットが失敗したときによくあるエラー

コミットはエラーで失敗しました
0 file committed, 1 file failed to commit: Scala　1回目のコミット
--author 'xxxxxx' is not 'Name <email>' and matches no existing author

これは、図9.15で示した「変更のコミット」ダイアログボックスに入力した作成者が異なる場合に起こります。

▼ 図9.D　作成者が異なる場合のコミットエラーの例

「作成者」には、P.360で作成したGitHubのアカウント名や登録時のメールアドレスを入力しますが、正しく入力しても上記のエラーが出る場合は、gitのコマンドを使って、手動で作成者を登録すると解決することがあります。以下に、Windowsの場合の設定例をあげておきます。

① エクスプローラーでプロジェクトの保存先を開く
② コマンドプロンプトを起動して、プロジェクトの保存先へ移動する（**8章の図8.10**で示したように、「cd」コマンドの後に、エクスプローラーで開いた保存先をドラッグして Enter キーを押下してください）。
③ 以下のコマンドを実行します（図9.E）。

git config user.email「GitHubに登録したメールアドレス」

▼ 図9.E　gitコマンドを実行する

図9.Eで示したように、

git config user.email

を実行すると、設定したメールアドレスが表示されます。

第9章　チーム開発

> **ONEPOINT**
> デフォルトでは、リポジトリー名はプロジェクト名と同じです。

5　IntelliJ IDEAの画面右下に「Successfully shared project on GitHub」というメッセージが表示されたら、GitHubへのアップロードが完成です（図9.22）。

▼ 図9.22　「Successfully shared project on GitHub」のメッセージ

メッセージの下側にある「リポジトリー名」をクリックすれば、GitHub上にアップロードしたリポジトリーが確認できます（図9.23）。

▼ 図9.23　GitHub上のアップロードしたリポジトリー

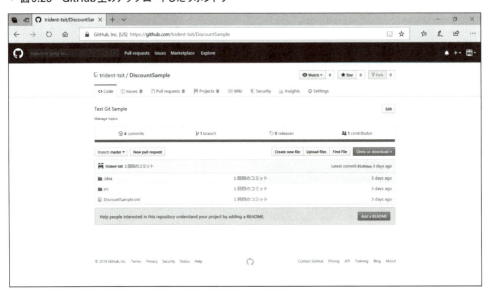

> **COLUMN** リポジトリーを任意のディレクトリーに作成する
>
> 以下の手順で、リポジトリーを任意のディレクトリーに作成することができます。
>
> 1. IntelliJ IDEAのメインメニューから、「VCS」→「バージョン管理へインポート」→「Gitリポジトリーの作成」をクリックします（図9.F）。
> 2. 「Gitリポジトリーの作成」ダイアログボックスが表示されたら、リポジトリーを作成したい任意のディレクトリーを選択して、「OK」ボタンをクリックします（図9.G）。
>
> ▼ 図9.F 「Gitリポジトリーの作成」をクリックする　　▼ 図9.G 「Gitリポジトリーの作成」ダイアログボックス
>
> 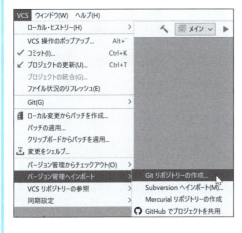　
>
> 図9.Gで示したように、「Gitリポジトリーの作成」ダイアログボックスの上部のアイコンで、リポジトリーの作成に関する選択操作などが可能です。

GitHubのプロジェクトを共有する（プロジェクトのチェックアウト）

次に、GitHubにアップロードしたリポジトリー（プロジェクト）を、他のユーザーが共有する手順について取り上げていきます。

1. IntelliJ IDEAを起動したときの初期画面で、「バージョン管理からプロジェクトをチェック・アウト」メニューの右側にある▼をクリックして、リストから「Git(G)」を選択します（図9.24）。

第9章　チーム開発

▼ 図9.24　「バージョン管理からプロジェクトをチェック・アウト」メニュー

2. 「リポジトリーのクローン」ダイアログボックスでは、「URL:」欄に共有したいプロジェクトが存在するGitHubのURL（ここでは「https://github.com/trident-tsit/DiscountSample」）を入力します。「テスト」ボタンをクリックすれば、接続テストが行えます（図9.25）。

▼ 図9.25　「リポジトリーのクローン」ダイアログボックス

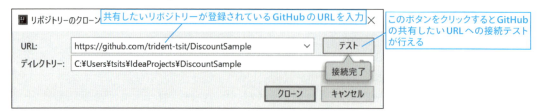

3. 手順2のダイアログボックスで「クローン」ボタンをクリックして、GitHub上のリポジトリーのクローンを作成します（もし、「リポジトリーのクローン」ダイアログボックスで「テスト」ボタンや「クローン」ボタンをクリックした後に、「File not found: git.exe」と表示された場合の対処については後述します）。

4. 「バージョン管理からチェックアウト」メッセージが表示されたら、「はい(Y)」をクリックします（図9.26）。

▼ 図9.26 「バージョン管理からチェックアウト」ダイアログボックス

これで、GitHubにあるリポジトリーのクローンを他のユーザーが利用できるようになります。

「File not found: git.exe」と表示された場合

GitHubのリポジトリーを共有しようとした際に、「File not found: git.exe」と表示された場合は、Gitを利用するためのプログラムが存在しないため、git.exeというプログラムを入手してインストールする必要があります。

以下に、OSがWindowsの64ビットPCを利用する場合の手順をあげておきましょう。

[1] 以下のサイトにアクセスします（図9.27）。

▼ 図9.27 git.exeのダウンロードサイト (https://git-scm.com/downloads)

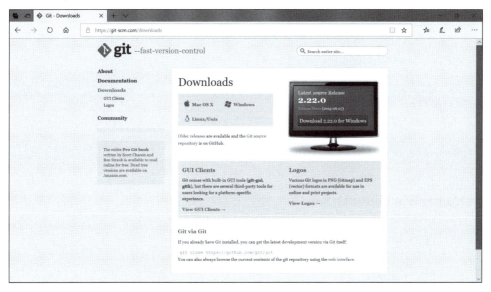

[2] 「Downloads」の部分では、利用するOS（今回はWindows）をクリックします（図9.28）。

▼ 図9.28　Windowsをクリックした後の画面

> ONEPOINT
>
> Windowsを選択した場合は、手順 2 の操作の後に64ビット版のWindows用git.exeが自動的にダウンロードされます。

3 ダウンロードしたプログラムファイルをダブルクリックして実行後、セットアップの画面が表示されるので、「Next」ボタンをクリックします（図9.29）。

▼ 図9.29　git.exeのセットアップ画面

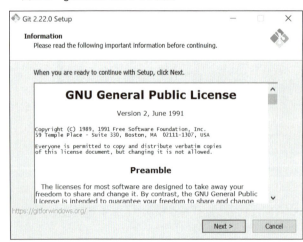

4 「Select Components」の画面では、デフォルトのまま「Next」ボタンをクリックしてください（図9.30）。

▼ 図9.30 「Select Components」の画面ではデフォルトのまま次へ進む

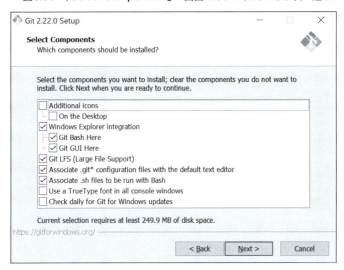

5 「Choosing the default editor used by Git」の画面では、Gitを編集するためのエディターを選択できますが、デフォルトのまま「Next」ボタンをクリックしてください（図9.31）。

▼ 図9.31 「Choosing the default editor used by Git」画面

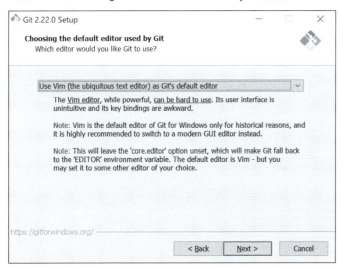

第9章　チーム開発

6 「Adjusting your PATH environment」の画面では、コマンドラインからのGitの利用方法が選択できますが、デフォルトのままで「Next」ボタンをクリックします。

7 「Choosing HTTPS transport backend」の画面では、デフォルトのままで「Next」ボタンをクリックします（図9.32）。

▼ 図9.32　「Choosing HTTPS transport backend」画面

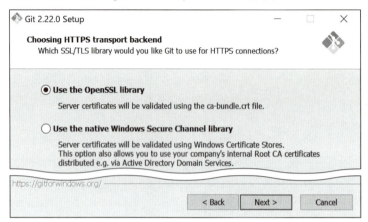

8 「Configuring the line ending conversions」の画面では、チェックアウトの改行コードの設定が選択できますが、デフォルトのままで「Next」ボタンをクリックしてください。「Configuring the terminal emulator to use with Git Bash」の画面では、端末エミュレータに関する選択ができますが、デフォルトのままで「Next」ボタンをクリックします（図9.33）。

▼ 図9.33　「Configuring the terminal emulator to use with Git Bash」画面

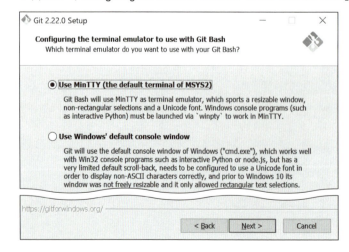

⑨ 「Configuring extra options」の画面は、オプションの設定なので、デフォルトのままで「Next」ボタンをクリックします（**図9.34**）。

▼ 図9.34 「Configuring extra options」画面

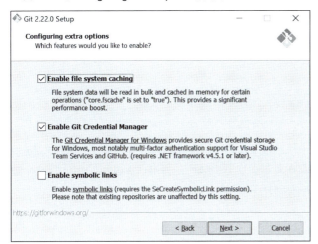

⑩ 「Configuring experimental options」の画面では、試作段階の機能を利用するかどうか尋ねられるので、デフォルトのまま「Install」ボタンをクリックします。

> **ONEPOINT**
> 手順⑨「Configuring experimental options」の画面左上には、入手したGitのバージョンが表示されています。

9-3　Gitの実践

最後にチーム開発において、Gitを利用した基本的なバージョン管理を行う手順について紹介します。

GitHubのプロジェクトを共有する（バージョン管理）

それでは、Gitを利用した基本的なバージョン管理について取り上げていきましょう。先に今回の作業内容を**図9.35**に示します。

▼ 図9.35　Gitを利用した基本的なバージョン管理

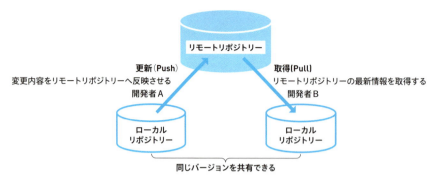

今回は、「GitDiscountSample」というプロジェクトを例にあげます（**リスト9.1**、**リスト9.2**）。先にこのプロジェクトの実行結果を見ておきましょう（**図9.36**）。「GitDiscountSample」は、購入額や性別、年齢で割引額を算出する簡単なプロジェクトです。

▼ リスト9.1　GitDiscountSampleプロジェクトを構成するソース（Main.Java）

```java
import java.util.Scanner;

public static void main(String[] args) {

    // Scannerクラスのインスタンスを作成
    Scanner scanner = new Scanner(System.in);

    //購入金額を入力する
    System.out.print("購入金額を入力=>");
    //入力金額を取得する
    String input_text = scanner.nextLine();

    // Scannerクラスのインスタンスをクローズ
    scanner.close();

    int input_price = 0;

    try {
        input_price = Integer.parseInt(input_text);
    } catch (NumberFormatException e) {
        System.out.println("整数に変換できませんでした！");
    }


    DiscountSample ds = new DiscountSample();
```

```
        boolean rtn = ds.priceCheck(input_price);

        if(rtn == true) {
            System.out.println("割引対象です!!");

        }else{
            System.out.println("割引対象外です!!");
        }


    }
```

▼ リスト9.2　DiscountSample.java

```
public class DiscountSample {

    public boolean priceCheck(int price) {
        if (price >= 50000) {
            // 購入額が50,000円以上なら割引対象となる
            return true;
        } else {
            // 割引対象とならない
            return false;
        }
    }

    public double sexCheck(String sex) {
        if (sex.equals("f")) {    // 女性なら2割引
            return 0.2;
        } else {                // 男性なら1割引
            return 0.1;
        }
    }

    public int ageCheck(int age) {
        if (age < 20) {
            // 未成年なら3,000円引き
            return 3000;
        } else {
            // 成年なら1,000円引き
            return 1000;
        }
    }
}
```

▼ 図9.36 「GitDiscountSample」の実行例

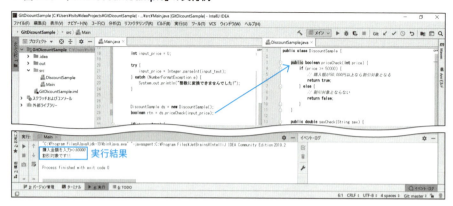

ここでは、2人の開発者が「GitDiscountSample」プロジェクトを共有しているところから話を進めます。現時点の状態を図9.37に、これから行う作業を図9.38で示しておきましょう。

▼ 図9.37 2人の開発者が「GitDiscountSample」を共有

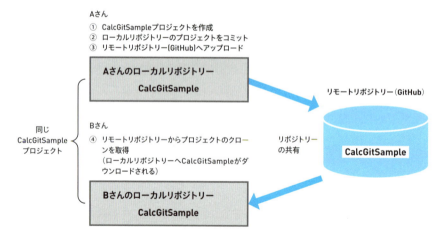

▼ 図9.38 これから行う作業

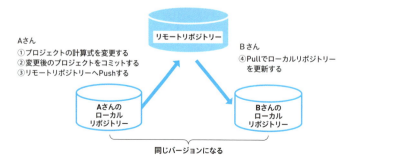

それでは、**図9.38**の作業を進めていきましょう。

▌Aさんが処理を追加する

まずはAさんが現在のプロジェクトにあるソースプログラムに、性別や年齢別による割引計算の呼び出し処理を追加します（**リスト9.3**）。なお、今回の処理は、購入金額が50,000円以上なら割引対象となり、割引対象となった金額は、性別や年齢によってさらに値引されていくものとします。

▼ リスト9.3　Aさんが処理を記述した後の「Main.java」

```java
import java.util.Scanner;

public class Main {

    public static void main(String[] args) {

        // Scannerクラスのインスタンスを作成
        Scanner scanner = new Scanner(System.in);

        //購入金額を入力する
        System.out.print("購入金額を入力=>");
        //入力金額を取得する
        String input_text = scanner.nextLine();

        // Scannerクラスのインスタンスをクローズ
        scanner.close();

        int input_price = 0;

        try {
            input_price = Integer.parseInt(input_text);
        } catch (NumberFormatException e) {
            System.out.println("整数に変換できませんでした!");
        }

        DiscountSample ds = new DiscountSample();
        boolean rtn = ds.priceCheck(input_price);

        if(rtn == true) {
            System.out.println("割引対象です!!");
```

```
            //性別によるさらなる割引確認
            double d_rate = ds.sexCheck("f");
            System.out.println("性別による割引額は"
            + (int)(input_price * d_rate) + "円");

            //年齢によるさらなる割引確認
            int d_amount = ds.ageCheck(19);
            System.out.println("年齢による割引額は" + d_amount + "円");

            //すべての割引が適用された後の購入金額を求める
            int total = (int)(input_price * (1 - d_rate)) - d_amount;
            System.out.println("割引後の金額は" + total + "円です!");
        }else{
            System.out.println("割引対象外です!!");
        }


    }

}
```

Aさんが追加した処理

図9.39に示すように、Aさんが処理を追加した後は、性別や年齢による値引を適用した購入金額が表示されます。

▼ 図9.39 Aさんが処理を追加した後の実行結果

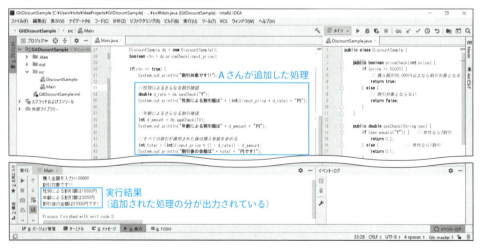

Aさんが変更後のプロジェクトをコミットする

次に、Aさんは、変更後のプロジェクトをローカルリポジトリーに変更結果を反映させるため、コミットの操作を行います。

IntelliJ IDEAのメインメニューから「VCS」→「コミット (I)」をクリックし、「変更のコミット」ダイアログボックスが表示されたら、P.366と同様に、作成者やコミットメッセージを入力して、「コミット (I)」ボタンをクリックします（図9.40）。ちなみに、「変更のコミット」ダイアログボックスでは、追加・変更箇所の差異が確認できます。

▼ 図9.40 「変更のコミット」ダイアログボックス

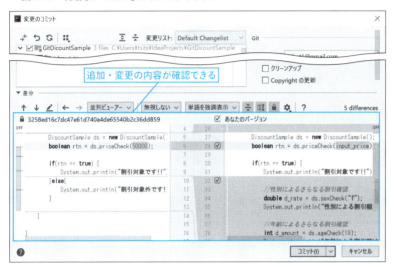

Aさんが変更後のプロジェクトをプッシュする

次に、Aさんは、変更後のプロジェクトをリモートリポジトリーであるGitHubにプッシュ（アップロード）します。

IntelliJ IDEAのメインメニューから「VCS」→「Git(G)」→「プッシュ」をクリックし、「コミットのプッシュ」ダイアログボックスが表示されたら、「プッシュ(P)」ボタンをクリックしてください（図9.41）。

▼ 図9.41 「コミットのプッシュ」ダイアログボックス

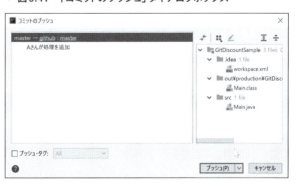

COLUMN　コミット時に警告が表示された

先のソースコード（リスト9.3）では、コミット時に以下の「コード解析」メッセージが表示されます（**図9.H**）。

▼ 図9.H　「コード解析」メッセージ

メッセージにある「コミット(I)」ボタンをクリックして、警告を無視してコミットすることもできますが、警告を除去するには、「レビュー(R)」ボタンをクリックしてください。IntelliJ IDEAの下部に表示された「メッセージ」ウィンドウで、警告メッセージが確認できます（**図9.I**）。

▼ 図9.I　「メッセージ」ウィンドウで警告が確認できる

警告メッセージは、30行目のif文に関するもので、

can be simplified to rtn　（rtnに簡略化できます）

となっています。つまり、if文の条件式はtrueのときに有効となるため、本来「rtn == true」という式は不要なのです。
30行目のif文を以下のように修正し、再度コミットを行えば、警告は表示されなくなります。

●修正前　if(rtn == true) {
●修正後　if(rtn) {

これで変更後のプロジェクトをリモートリポジトリへアップロードできました。次は、Bさんが、Bさんのローカルリポジトリを変更後のプロジェクトに更新します。

■ Bさんが変更後のプロジェクトをプル（ローカルリポジトリーを更新）する

BさんのIntelliJ IDEAで、メインメニューから「VCS」→「Git(G)」→「プル」をクリックします（**図9.42**）。

▼ 図9.42　BさんのIntelliJ IDEAで「プル」をクリック

「変更のプル（Pull Changes）」ダイアログボックスが表示されたら、デフォルトのままで、「Pull」ボタンをクリックしてください（**図9.43**）。

▼ 図9.43　「変更のプル（Pull Changes）」ダイアログボックス

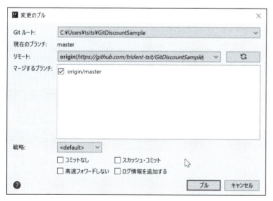

これで、Aさんが変更したプロジェクトとBさんのプロジェクトが同じバージョンになりました（図9.44）。

▼ 図9.44　同じバージョンのプロジェクト

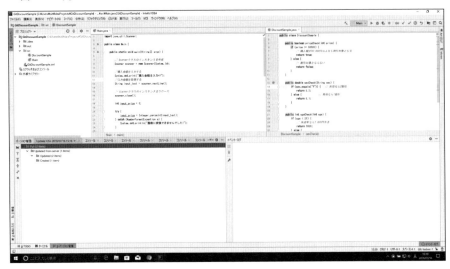

図9.44で示したように、「バージョン管理（Version Control）」ウィンドウで、プル（Pull）の詳細が確認できます。

また、リモートリポジトリー「GitHub」では、コミット時のコメントと共に、どのファイルがどのタイミングで更新されたかなどの履歴が確認できます（図9.45）。

▼ 図9.45　リモートリポジトリー内のプロジェクト

ところで、今回はAさんが変更したプロジェクトを共有しましたが、もし、Bさんのプロジェクトを変更したバージョンを最新バージョンとして共有したいなら、

- Bさんが「コミット」→「プッシュ」でリモートリポジトリーを更新
- Aさんが「プル」で（Bさんが変更したプロジェクト）リポジトリーを共有

というように、先とは逆の立場で同様の操作を行えば、両者が同じバージョンを共有できます。

GitHubのプロジェクトを共有する（ブランチによるバージョン管理）

Gitによるバージョン管理では、P.358のコラムで示したように、メインのバージョンは保持しつつ、別のバージョンを管理することができます。ブランチ（branch）とは文字通り「枝」を意味します。P.358のコラムにある**図9.C**で示したように、プロジェクトの本筋となる「main」から枝分かれしたブランチを用意すれば、本筋のプロジェクトに影響しない、独立したバージョンを管理することが可能になります。

それでは、Aさんのプロジェクトから「testver」というブランチを作成してみましょう。

1. IntelliJ IDEAのメインメニューから「VCS」→「Git(G)」→「ブランチ(B)」をクリックし、「Gitブランチ」ウィンドウが表示されたら、「新規ブランチ」をクリックします（**図9.46**）。

2. 「新規ブランチの作成」ウィンドウでは、新規ブランチ名（ここではtestver）を入力して「ブランチをチェックアウトする」にチェックが付いていることを確認後、「OK」ボタンをクリッします。

▼ 図9.46　「新規ブランチの作成」ウィンドウ

> **ONEPOINT**
> ブランチをチェックアウトすると、現在のブランチ（プロジェクト）を切り替えることができます。

3. IntelliJ IDEAのメインメニューから「VCS」→「コミット」をクリック後、「VCS」→「Git(G)」→「プッシュ」をクリックします。

4 「コミットのプッシュ」ダイアログボックスでは、手順3で作成したブランチが表示されていることを確認して、「プッシュ(P)」ボタンをクリックします（図9.47）。

▼ 図9.47 「コミットのプッシュ」

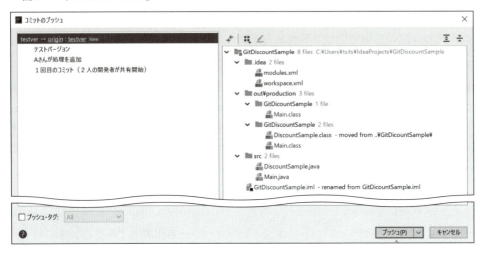

上記の手順でブランチを作成して、本流とは別に管理することができます。図9.48は、ブランチを作成した後のGitHubの内容を表示しています。

▼ 図9.48 ブランチを作成した場合のGitHubの様子

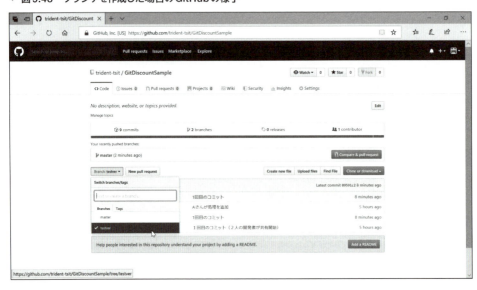

このように、本筋のmasterとは別に、ブランチが管理されていることが確認できます。

付　録

macOS で
IntelliJ IDEA を使う

本書では、WindowsでのIntelliJ IDEAの利用を取り上げてきましたが、
IntelliJ IDEAは、LinuxやmacOSでも利用可能です。
巻末付録として、macOSで、IntelliJ IDEAを利用する場合の、ダウンロー
ド、インストール、そして簡単なアプリの作成手順について紹介します。

本章の内容

A-1　macOSでIntelliJ IDEAを使う

付録　macOS で IntelliJ IDEA を使う

A-1　macOSでIntelliJ IDEAを使う

Apple 社の OS である macOS は、同じく Apple 社の「Mac」と呼ばれる PC で動作します。Mac で利用する IDE としては、Apple 社のデバイスである、iPhone や iPad などのアプリを作るための XCODE がありますが、Mac で Java や Scala を使ったプログラム開発を行うには、IntelliJ IDEA が利用可能です。

 macOS 用の IntelliJ IDEA をダウンロードしてインストールするまで

Mac で IntelliJ IDEA のダウンロードサイトにアクセスすると、図 A.1 で示したように、Mac 用の IntelliJ IDEA がデフォルトでダウンロードできるサイトが表示されます。

▼ 図 A.1　Mac 用の IntelliJ IDEA がデフォルトでダウンロードできる

それでは、Mac 用の IntelliJ IDEA をダウンロードするところから、インストールまでの手順を見ていきましょう。

1　先のサイトでダウンロードボタンをクリックすれば、「Thank you for downloading IntelliJ IDEA」のページに切り替わり、ダウンロードが開始されます。

2　ダウンロードした IntelliJ IDEA のプログラムは、「Finder」のメインメニューにある「移動」→「ダ

ウンロード」に格納されます（図**A.2**）。

▼ 図A.2　IntelliJ IDEAのプログラムは「ダウンロード」フォルダに格納される

3　ダウンロードしたIntelliJ IDEAのプログラム「idealC-20xx.x.dmg」をダブルクリックすると、図**A.3**のウィンドウが表示されるため、左側にある「IntelliJ IDEA CE」を右側の「Applications」フォルダへドラッグしてください。

▼ 図A.3「IntelliJ IDEA CE」を「Applications」フォルダへドラッグする

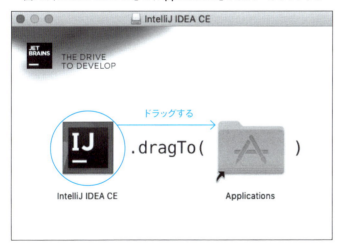

4　「Applications」フォルダに生成された「IntelliJ IDEA CE」のアイコンをダブルクリックしてください（図**A.4**）。

▼ 図A.4 「Applications」フォルダの「IntelliJ IDEA CE」アイコンをダブルクリック

⑤ 「IntelliJ IDEA CE」を検証中といったメッセージが表示されるのでしばらく待ちます（図A.5）。

▼ 図A.5 「IntelliJ IDEA CE」を検証中」のメッセージ

⑥ 図A.6のメッセージが表示されたら、「開く」ボタンをクリックしてください。

▼ 図A.6 「インターネットからダウンロードされたアプリケーション」メッセージ

⑦ 次に、これまでの設定を引き継ぐか否かのメッセージが表示されるので、「Do not import settings」を選択して「OK」ボタンをクリックします。「JetBrains Privacy Policy」の画面では、プライバシーポリシーを読んで、画面下の「I confirm that」の項目にチェックを付けて、「Continue」を選択します。

⑧ 「Data Sharing」の画面では、JetBrains社が匿名の使用状況データを収集することを許可するか否かのメッセージが表示されるので、どちらかのボタンをクリックします。

⑨ 「Customize IntelliJ IDEA」画面の「Set UI theme」では、いずれかを選択して（ここでは「Light」）、「Next Launcher Script」ボタンをクリックします（図**A.7**）。

▼ 図A.7 「Select UI Theme」の画面

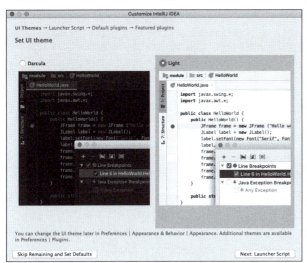

⑩ 「Create Launcher Script」の画面では、コマンド起動の設定用スクリプトを作成するかどうかが選択できますが、デフォルトのまま「Next：Default plugins」ボタンをクリックします（図**A.8**）。

▼ 図A.8 「Create Launcher Script」の画面

⑪ 「Tune IDEA to yout tasks」の画面では、無効化にしたいデフォルトのプラグインなどが選択できますが、ここではデフォルトのままで「Next：Featured plugins」ボタンをクリックします。
⑫ 「Download featured plugins」の画面では、必要なプラグインがあればインストール可能ですが、後からインストールすることもできるため、「Start using IntelliJ IDEA」ボタンをクリックします。

付録　macOSでIntelliJ IDEAを使う

⒔　IntelliJ IDEAの初期画面が起動したらインストールは完了です（**図A.9**）。

▼ 図A.9　IntelliJ IDEAの初期画面

 Javaプログラムを作成する

　インストールが完了したらMac版IntelliJ IDEAを使った簡単なJavaプログラムの作成手順を紹介します。

① 　IntelliJ IDEAの初期画面にある「Create a New Project」をクリックします。
② 　「New Project」画面では、左側の一覧から「Java」を選択して、「Project SDK：」にJDKが設定されていることを確認してから「Next」ボタンをクリックします（**図A.10**）。

▼ 図A.10　「New Project」画面では「Java」を選択する

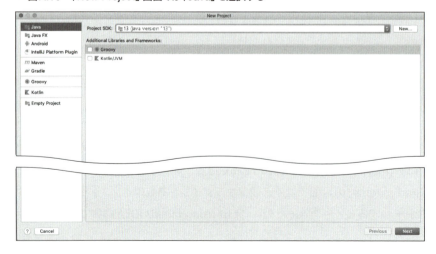

3 次の画面では、テンプレートを使用するため、「Create project from template」にチェックを付けて「Next」ボタンをクリックしてください。
4 次の画面では、「Project name:」欄にプロジェクト名（ここではHello）を入力して、あとはデフォルトのままで「Finish」ボタンをクリックしてください（図A.11）。なお、テンプレートを使用する場合は、デフォルトで「com.company」と言うパッケージが生成されます。

▼ 図A.11 デフォルトで「com.company」と言うパッケージが生成される

　これでプロジェクトが生成されます。テンプレートを使用したプロジェクトでは、手順4 で指定されていた「com.company」パッケージ内に、Main.javaが生成されます。図A.12は、Main.Java内に「Hello Mac」という文字列を出力するコードを追加して、実行した例です。

▼ 図A.12 プロジェクトを実行して「Hello Mac」という文字列を出力した例

【記号】

@AfterAll	289, 294
@AfterEach	289, 291
@BeforeAll	289, 294
@BeforeEach	289, 291
@Disabled	301
@Ignore	301
@Test	289, 291

【A】

AceJump	104
Ant	319
assertArrayEquals	274, 286
assertEquals	275
assertFalse	274, 287
assertNotNull	274, 287
assertNotSame	274, 281
assertNull	274, 287
assertSame	274, 281
assertTrue	274, 287
Assertクラス	274

【B】

Bazel	319
build.gradleファイル	333
build.sbt	312
build.xmlファイル	328

【C】

Compatibility with	106
CVS	358

【D】

doFirst	347
doLast	347
DSL	305

【E・G】

Eclipse	16, 66, 68
Git	359
git.exe	374
GitHub	359
gitコマンド	369
Gradle	319, 330
Groovy	344

【H・I】

HTTPS	376
IDE	14, 15
idea64.exe	56
ideaProjectsフォルダ	119

【J】

JARファイル	63, 324
Java	14
Java SE	86
Javadoc	341
Javaクラス	112
JDK	86
JetBrains公式サイト	103
JRE	86
JUnit	267
JUnit4	289
JUnit5	289, 290

【K・L】

Kotlin	18
Linux	22

【M】

macOS	22, 390
Make	319
Maven	319
Mavenプロジェクト	326
mo module	175

【O・P】

Object	138, 313
Pascal記法	114
pom.xmlファイル	327

【Q・R】

Quick Start	307
Redmine	356
Rule of three	229

【S】

SBT	302
Scala SDK	136
ScalaTest	311
Scalaのスクラッチファイル	177
Scalaのチュートリアル	352

Scalaプロジェクト	134
setup.exe	56
Specs2	305
SVN(Subversion)	358

【U】

UI	93
USBメモリ	106
UTF-8	81

【V・X】

Visual Studio	53
V字モデル	266
Xcode	53, 390

【あ行】

アーカイブ	63, 124
アーティファクトID	326, 331
赤い丸	201
アップデート	95
アップロード	367
アノテーション	289
安全な削除	238
移動	237
イベント・ログ	367
インストール	40
インストールオプション	44
インポート	84, 122, 152
インライン化	243
エクスポート	83, 120
エディター	75, 182
エディターウィンドウ	65
エンコーディング	80

【か行】

階層表示	193
開発ワークフロー	62
外部クラス	260
カバレッジ	297
画面の切り替え	185
画面の分割	185
監視式ペイン	207, 221, 224
期待値	274
基本補完	147
行間	80
強制的にステップ・イン	215
今日のヒント	59, 112

空白文字	182
クラスの継承	261
グループ	354
クローン	372
結合テスト	32
工数	267
構文エラー	30
コードアシスト	144
コードの折りたたみ	184
コードの比較	188
コード補完	78
コピー	237
コマンドプロンプト	325, 327, 369
コミット	365, 383
コンソール	207
コンパイル	28

【さ行】

シグネチャー	236
システム開発	26
システムテスト	267
自動インポート	152
集中管理型	357
条件分岐	296
条件網羅	270
条件欄	217
ショートカットキー	70, 165
ショートカットキーの編集	165
スーパークラスの抽出	262
スクラッチファイル	168
スコープ	224
ステータスバー	65
ステートメント補完	148
ステップ・アウト	214
ステップ・イン	212
ステップ・オーバー	214
ステップツールバー	208
スマート補完	146
セントラルリポジトリー	330

【た行】

退行	267
タスク	330
単体テスト	266
チーム	354

索引

チェックアウト	371
置換	231
チケット管理	356
ツールウィンドウ	65
ツールウィンドウバー	65
ツールバー	65
定数の導入	241
テスティング	32, 266
テストケース	272, 314
テスト失敗	285
テスト成功	283
テストファースト	32
デバッグ	202, 208
デバッグツールウィンドウ	204
電球マーク	200
テンプレート	111, 129
ドメイン	115
トレース	219

【な行】

ナビゲーションバー	65
ナビゲート	194
名前変更	234
日本語化	54
人間工学	25

【は行】

バージョン管理	357
バージョン管理統合	365
パースペクティブ	66
配列	286
バックアップ	120
パッケージ	115
範囲選択	253
引数	211
ビルド	31
フォントサイズ	80
吹き出し	152
複数のブレークポイント	210
プッシュ	383, 388
プラグイン	48, 82
ブラックボックステスト	268
ブランチ機能	358, 387
プル	385
ブレークポイント	198

プレビュー	250
フローチャート	296
プロジェクト	109, 116, 117
プロジェクトの共有	377
プロジェクトの種類	128
プロジェクトを共用する	368
プロジェクトを移行する	120
プロパティー	81
分岐網羅	269
分散管理型	357
別ウィンドウで表示	187
変更のコミット	366
変数	205, 207, 219
変数の抽出	238
ホスティングサービス	359
ホワイトボックステスト	268

【ま行】

マーケットプレイス	101
マクロ	155
マクロのアクション	163
マニュフェストファイル	344
緑の波線	232
命令網羅	269
メインメソッドの自動定義	151
メインメニューバー	65
眼鏡のアイコン	222
メソッド・シグネチャ	255
メソッド・セパレーター	77
メソッドの抽出	240
メンバーの移動	261
文字化け	81
モジュール	126, 172

【ら・わ行】

リファクタリング	33, 226
リファクタリングメニュー	245
リポジトリー	357
リモートリポジトリー	364
ルック＆フィール	73
レポート	340
ローカルリポジトリー	380
論理エラー	30, 200
ワークスペース	66

おわりに

本書を最後まで読んでいただき、ありがとうございます。

IntelliJ IDEAを使ったJavaプログラミングなどを主体にした書籍はたくさんありますが、本書は、IntelliJ IDEAそのものに焦点をあてたユニークな構成です。さらに、新人エンジニアを対象としているため、IntelliJ IDEAの基本的な機能しか取り上げておりませんが、これからIntelliJ IDEAでの開発を始めようとしている、あるいは始めているけれど…といった皆様のモチベーションアップにつながることを期待してやみません。また、教育機関やIT企業様の新入社員研修等においても、ご活用いただけますと幸いです。

本書が少しでもお役に立てることを願っています。

本書サポートページ
https://gihyo.jp/book/2019/978-4-297-10895-3

▌ Special Thanks

- 株式会社ジェイテック 技術部 部長 酒井 章次 様
- 株式会社ジェイテック 技術部 主任 尾野 宏 様
  技術的なアドバイスを多々いただきました。

- 近藤 義樹 様
  トライデントコンピュータ専門学校 非常勤講師。
  3,4,5章の主要部分を担当いただきました。

- 学校法人河合塾学園 トライデントコンピュータ専門学校
  http://computer.trident.ac.jp/
  「プロになる。本気で目指す。」をスローガンに、情報化社会の発展に貢献することを目的に設立された専門学校。社会の動きに柔軟に対応しながら、これからの時代を担う上で不可欠な能力をもった人材の創出を目指している。1984年設立。

- 株式会社ジェイテック
  https://www.j-tech.jp
  Web系一次請け案件や大規模な基幹システム案件・組込制御案件を中心に、クオリティの高いシステム開発を実現する技術者集団。社名（英語表記：J_TECH）には、JapanとTechnologyの意味が込められている。1997年設立。

[著者]

横田 一輝（よこた かずき）

学校教育に従事しつつ、「エフサイト（f-site.com）」代表として、中小企業のICT化支援も行っている。
学校法人 河合塾学園 トライデントコンピュータ専門学校 常勤講師
主な著書：
・『Javaエンジニアのための Eclipse パーフェクトガイド』（技術評論社）
・『Android Studio パーフェクトガイド』（技術評論社）など多数

● カバー・本文デザイン
　轟木 亜紀子（トップスタジオデザイン室）
● DTP
　朝日メディアインターナショナル株式会社
● 編集
　原田 崇靖
● 技術評論社ホームページ
　https://gihyo.jp/book

IntelliJ IDEA パーフェクトガイド

2019年12月10日　　初版　第1刷発行

著者　　　　横田一輝
発行者　　　片岡 巌
発行所　　　株式会社技術評論社
　　　　　　東京都新宿区市谷左内町21-13
　　　　　　電話　03-3513-6150　販売促進部
　　　　　　　　　03-3513-6160　書籍編集部
印刷／製本　株式会社加藤文明社

定価はカバーに表示してあります。

本書の一部または全部を著作権法の定める範囲を超え、
無断で複写、複製、転載、テープ化、ファイルに落とすこ
とを禁じます。

造本には細心の注意を払っておりますが、万一、乱丁
（ページの乱れ）や落丁（ページの抜け）がございまし
たら、小社販売促進部までお送りください。送料小社
負担にてお取り替えいたします。

©2019　横田一輝
ISBN978-4-297-10895-3　C3055
Printed in Japan

■お問い合わせについて

本書の内容に関するご質問は、下記の宛先まで
FAXまたは書面にてお送りください。なお電話に
よるご質問、および本書に記載されている内容以
外の事柄に関するご質問にはお答えできかねま
す。あらかじめご了承ください。

〒162-0846
東京都新宿区市谷左内町21-13
株式会社技術評論社　書籍編集部
「IntelliJ IDEA パーフェクトガイド」質問係
FAX番号　03-3513-6167

なお、ご質問の際に記載いただいた個人情報は、
ご質問の返答以外の目的には使用いたしません。
また、ご質問の返答後は速やかに破棄させていた
だきます。